从0到1

短视频拍摄、制作与运营

陈欣钢　雷梦莉·著

人民邮电出版社

北　京

图书在版编目（CIP）数据

从0到1：短视频拍摄、制作与运营 / 陈欣钢，雷梦莉著. -- 北京：人民邮电出版社，2024.10

ISBN 978-7-115-62951-7

Ⅰ．①从… Ⅱ．①陈… ②雷… Ⅲ．①视频制作②网络营销 Ⅳ．①TN948.4②F713.365.2

中国国家版本馆CIP数据核字(2023)第207533号

内 容 提 要

"视频天下"的时代已经来临，无论是影视行业还是新闻传媒，无论是专业生产者还是普通用户，都面临着巨大的短视频生产诉求。本书从前期策划、画面拍摄、后期剪辑和运营逻辑等方面，揭秘了抖音、快手、微视等平台上"爆款"短视频背后的运作，传授了制作刷屏级短视频的"秘诀"，分享了让视频更有创意的后期处理技巧，旨在帮助新手快速了解短视频行业格局，建立起系统的短视频制作流程。除了基础的理论阐述，书中展示了大量操作示例图及典型案例的步骤导图，对拍摄、剪辑处理、特效制作、转场、字幕、音频等技法进行了详细介绍，能够帮助读者轻松掌握短视频创作及运营的诸多实用技法。

本书适合对短视频拍摄感兴趣的摄影爱好者，想要提升短视频质量吸引更多粉丝的内容生产者，自媒体运营及新媒体平台工作人员，营销、推广领域的从业人员，淘宝、京东等电商平台的店铺商家，以及想要借助短视频传递品牌理念的企业参考阅读。

◆ 著　　　　　陈欣钢　雷梦莉

　　责任编辑　张　贞

　　责任印制　周昇亮

◆ 人民邮电出版社出版发行　　北京市丰台区成寿寺路11号

　　邮编　100164　电子邮件　315@ptpress.com.cn

　　网址　https://www.ptpress.com.cn

　　北京捷迅佳彩印刷有限公司印刷

◆ 开本：700×1000　1/16

　　印张：10.5　　　　　　　2024年10月第1版

　　字数：230千字　　　　　2025年4月北京第3次印刷

定价：59.00元

读者服务热线：(010)81055296　印装质量热线：(010)81055316
反盗版热线：(010)81055315

写在前面

我的第一台照相机，是一台叫作"凤凰205"的50mm定焦镜头135照相机。这台"凤凰"与我同龄，陪伴我度过了儿时的很多奇妙时光，它拍下了无数美好的瞬间。同样是在那个年代，人们的生活当中出现了由一根根电线连接的"传声盒子"——电话机。当时，要想摸一摸有哑铃形听筒、光滑塑料质感的电话机都很困难。当时的人们不会想到，在数十年后的今天，两者会神奇地结合在一起，把记录、成像、传播融为一体，彻底改变人们的生活方式，引发数字化、社交化、智能化的影像革命。

起初人们用数字设备拍照片或视频，只是为了自娱自乐或是留下生活影像资料。如今，数字拍摄已经被广泛地应用于传统媒体和新兴媒体的各个领域。由于智能手机用户数量的增长和5G技术的普及，当今社会早已进入"万物皆媒""人人都有摄像机"的时代，视频拥有庞大的内容生产群体与受众市场，很多人都会通过智能手机等移动终端观看视频，获取信息。中国的短视频行业是从2011年开始发展的，以腾讯、爱奇艺为代表的商业巨头纷纷布局短视频生态版图。十几年来，视频拍摄成为用户生产内容的主要手段之一，也成为公众话语权的表现。虽然目前由于硬件配置的限制，移动设备的专业化程度远达不到广告级和电影级标准，但这种轻巧便携、多功能、即时传播的拍摄设备越来越受欢迎。

在我所任教的中国传媒大学，学科与专业的发展也见证并推动了技术发展引发的观念变迁。2004年，学校从北京广播学院更名为中国传媒大学（简称中传）；2021年，电视新闻摄影专业从电视摄影方向升级为全媒体摄制方向。从"广播"到"传媒"、从"电视"到"全媒体"的转变，正好显示了当今信息传播媒介转型的步伐与趋势。本书的另一位作者雷梦莉2021年从中传广播电视编导专业毕业，获得硕士研究生学位，之后回到家乡，在浙江广播电视集团从事新媒体内容生产工作，短短几年已经数次通过创作新媒体作品获得省部级以上新闻奖。传统媒体中的这一批青年人，正在探索更具创造力的语态和方式，推动媒体融合进入"深水区"。本书的很多内容就来自她从事新媒体工作后，在新平台、新渠道中获得的实践经验。

然而，影像作品的生产数量越来越多，影像生产的专业化发展却似乎遭遇了瓶颈。国内其他高校的几位同人最近都告诉我，他们学校的摄影专业正面临撤销，他们所在的摄影院系也即将被合并。诚然，这其中有学科发展主流导向的原因。纵观影像在人类历史、社会发展中的功能演变，我对此却并不悲观。如今，视频成为人们日常生活中重要的媒介，在一定程度上建立了个人和社会的新关联，通过红绿蓝三色重构日常生活，诠释和改变我们的社会。在知识的创作与传播上，视频实现了其由"精英化"向"平民化"的转变，鼓励更多人参与到知识的创造与传播中，并将知识的学习还原到日常生活的常态之中；在平台经济的发展上，视频推动一个全新的平台经济产业快速生长成型，并在此基础上催生出社交视频博主这一新的社会职业，依托其关系消费的核心逻辑实现平行产业的有效联动；在社会生活的变迁中，视频已经进入人们的日常生活，成为提升个人幸福感和生活品质的重要工具。

在这样的趋势之下，我们更愿意加入这场话语权平等、技术普惠的推广中去，通过对视频创作技能的分享来提升用户的媒介化社会生活参与能力，携手迎接这个"全民视频"的时代。

陈欣钢

目录

第 1 章

前期策划:
"刷屏"的秘诀

信息传播技术的突破与发展是短视频发展的根本推动力，随着5G技术进入商用领域并在日常生活中普及，短视频也将迎来持续的"红利期"。作为内容创作者、创业者和相关领域从业人员，我们更要紧跟时代，抓住当前的行业"风口"，这样才能把握机会，通过创作将兴趣或特长转变为有价值的内容产品。

运作一个成功的短视频账号不是一蹴而就的。随着短视频的火爆，各大短视频社交平台已经进入发展成熟期。我们似乎迎来了一个"全民都在拍""全民都在刷"的时代。短视频创作的普遍性不仅没有降低内容生产的门槛，反而让平台吸纳越来越多的用户生成内容（User Generated Content，UGC）创作者、专业用户生产内容（Professional User Generated Content，PUGC）创作者，甚至专业生产内容（Professional Generated Content，PGC）创作者对此趋之若鹜。这使得依靠偶然性或是单纯博人眼球"上热门"的方式成为过去式。不仅如此，在媒体融合环境中，主流媒体的社交平台（见图1-1）也纷纷加入这场短视频的竞争之中，致力于打造"镇版""刷屏"之作。然而，如果没有好的视频创意、内容和运营的维护，作品很难脱颖而出。因此，要想成功运作一个账号，第一步便是要对账号进行全方位的内容策划。本章会从账号定位、选题策划、账号运营等方面探讨短视频账号前期策划的方法策略。

↑　图1-1　各大短视频社交平台Logo

1.1　账号定位——迈出第一步

近年来，短视频呈爆炸式增长趋势，各大手机短视频社交平台也如雨后春笋般纷纷出现，抖音、快手、秒拍等App都受到了广大用户的喜爱（见图1-2）。同时，受到始于2020年的5G技术普及应用的影响，短视频有了更大的发展空间，成为各大企业和媒体的流量必争之地。但是，在这个"人人都能成为短视频创作者"的时代，如何才能让自己创作的短视频内容脱颖而出呢？第一步，也是最重要的一步，就是对账号进行定位。

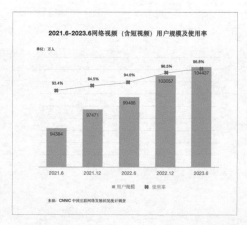

数据来源：第52次《中国互联网络发展状况统计报告》

↑　图1-2　2016—2023年中国短视频用户规模统计情况

什么是账号定位

什么是账号定位？简单来说就是你的账号应针对某一垂直领域发布内容，比如美食、美妆、才艺、漫画、短剧、游戏等。也就是说，如果账号的定位是美妆，那么账号发布的内容就要围绕美妆领域，而不是"今天美妆，明天萌宠"。内容不垂直不但无法吸引粉丝的关注，还有可能导致账号权重降低，初始流量推荐减少。这就要求账号内容一定要垂直，专注某一领域发力。

很多用户在运营账号的过程中容易出现以"涨粉"为导向的误区，认为什么题材热门、"容易火"就去做什么。虽然，在这一思路导向下，账号前期涨粉速度可能会比较快，但如果账号定位不明确，则容易出现粉丝"鱼龙混杂"的现象，呈现用户忠诚度和精准度都比较低的状态。并且，账号定位模糊会导致发布的内容不垂直，账号无法形成固定的标签，平台无法进行精准推送，这样账号也就没办法吸引到更多用户的关注。如果想策划一个"爆款"账号，这些都是会导致账号在中长期运营中失败的致命问题。因此，在运营账号的初期，一定要先做好账号定位，确定自己的内容制作方向，如图1-3所示。

↑ 图1-3　不同领域短视频博主的主页

账号定位的四大作用

新手在运营短视频账号之初，往往会遇到很多问题，如下所示。

问题一： 注册了账号之后，今天发了一条内容，明天就不知道该发什么了，每天都在为发什么内容感到苦恼。

问题二： 发了很多作品，但播放量、点赞量等各方面的数据都很差，"涨粉"速度也非常慢。

问题三： 积累了一定的粉丝，但是粉丝的转化率非常低，变现困难。

这些问题都是从零开始运营短视频账号的新手很容易遇到的实际问题。各大短视频社交平台已经进入了发展成熟期，最开始的流量红利期已经过去，"无论发什么都会给流量"的时代已经一去不复返。现在进入短视频领域，一定要重视账号定位的作用，发布垂直化内容，否则难以实现可持续的运营发展以及后期变现。那么，账号定位都有哪些作用呢？

一、获得可持续且稳定的内容输出

短视频账号的类型有很多，你可以选择做才艺类、教学类的账号，也可以做图文类、兴趣类的账号，等等，如图1-4所示。明确了账号定位以及发布内容的领域之后，就可以根据定位发布相应的内容了。例如在确定内容是美妆教学、美食教学或者其他类型的教学之后，就可以有针对性地进行短视频的选题策划、拍摄、剪辑、发布，从而进行持续稳定的内容输出；而不是每天都在追逐热点，今天发美食，明天发美妆，这样反而不利于内容的可持续产出。

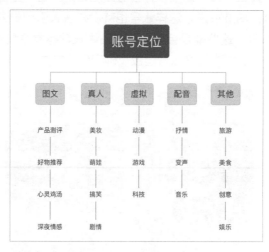

↑ 图1-4 短视频账号的定位类型

二、获得更高的流量加权

相较于微博这一类平台的"头部中心制"，抖音和快手这些平台的算法机制会让每一个普通人创作的视频都得到平等展示的机会。我们以抖音为例，初创账号在视频发布之初，一般会得到300~500的基础流量，会有300~500个用户看到该账号的视频，并给予反馈，这体现在点赞、评论、转发等数据上，这些数据基本上决定了这条视频能否被顺利推荐至下一级流量池。

在明确了账号的定位之后，短视频创作者就进入了一个相对稳定和周期更长的阶段——"养号"。经过一段时间的作品发布之后，平台会给账号的视频内容贴标签，例如美食、美妆、摄影、搞笑等。之后这个账号发布的视频内容会被系统推送给300~500个有着同样标签的用户。这样一来，相关用户对于内容的喜好与该账号定位是相同的，那么该账号发布的视频就有很大的机会获得较好的数据反馈，从而获得更高的流量加权。相反，如果没有做好账号定位，没有形成稳定的内容定位，账号就无法获得明确的内容标签。在这种情况下，账号发布的知识类视频可能会被推荐给对时尚感兴趣的用户，而时尚类视频可能会被推荐给对美食感兴趣的用户。这样，账号中的视频在第一轮流量推荐中就很难得到较好的用户反馈，因而难以被推荐到更大的流量池，获得更高的曝光度。抖音视频推荐机制流程如图1-5所示。

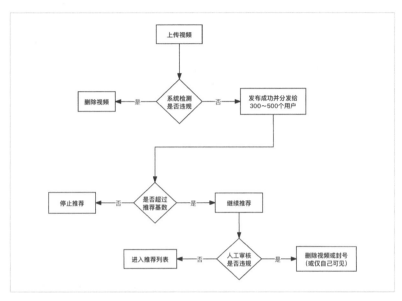

↑ 图1-5　抖音视频推荐机制流程

三、　实现账号的更快速 "涨粉"

随着越来越多的个人、企业和媒体纷纷入驻短视频平台，各大平台每天新增的视频内容数不胜数，每个领域每天也都有非常多优秀的视频作品产出，因此如何吸引用户关注，是我们需要思考的问题。不同用户喜欢的作品都有所差异，如果账号定位有偏差或是账号发布的内容不垂直，会在很大程度上造成用户的困扰。例如，吸引了一定数量粉丝的美食账号如果发布了萌宠视频，即使偶尔为之也很容易造成对萌宠不感兴趣的粉丝取关；而喜爱萌宠的潜在用户，点击关注前往往还会翻看账号的"以往视频"，当其发现这是一个非垂类账号时，关注账号的可能性也会大大减小。

相反，如果做好账号定位，确定在某一垂直领域发展并且坚持发布垂类作品，就更有可能获得用户关注，实现快速"涨粉"。比如你坚持发美食教程类的作品，那么就有可能获得喜欢美食的用户的关注。如果你的作品质量高，并且你持续不断更新，那么用户黏性就会提高。这些用户就是你的忠实粉丝，这些忠实粉丝会给你的作品点赞甚至评论、转发。在积累了一批这样的忠实粉丝之后，每当你发布作品，这些忠实粉丝的评论、点赞或转发会让你的作品在初始推荐时积累不错的数据，因而被推荐到更大的流量池。更多的曝光量能带来更多的关注、吸引更多的粉丝，这是一个良性循环，会让账号"涨粉"的速度会越来越快（见图1-6）。

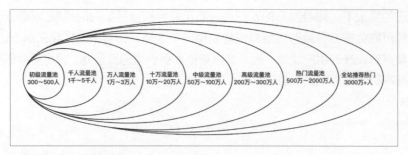

↑ 图1-6　抖音视频流量池推荐标准

四、 实现更快速的账号变现

明确的账号定位有利于个人IP的打造，让账号更容易获取忠实的粉丝，因而也很容易实现快速变现。例如，美妆定位的账号吸引的大多是关注美妆、对于美妆产品有需求的用户，而美食定位的账号吸引的则大多是美食爱好者或想通过搜索特定内容学习烹饪技巧的用户。当有商家想要推广产品时，如果推广的产品是和美妆相关的，其必然会寻找美妆定位的账号；如果推广的产品是和美食相关的，那么其自然会选择美食定位的账号。因为从商家角度而言，有明确定位账号的粉丝群更符合自身需求，对投资而言也更加安全稳妥。

在确定账号定位之后，账号发布的内容都是围绕同一领域的，吸引的粉丝自然也大多是对这个领域感兴趣的。这样进入变现期后，无论是发布视频广告还是直接销售商品，粉丝大多是目标客户，变现自然相对容易。反之，账号就算有一定的粉丝数量，在短期内也很难拥有变现的可能。在短视频账号的运营实践中，甚至有很多粉丝数量在百万级的"大号"，因为在创建账号初期没有做好定位，"带货"带不动，直播也缺乏人气，使得后期变现非常困难。在运营动力不足的情况下，数月甚至数年的苦心经营，在数字时代也会很快付之东流。

知识点

账号定位的四大作用

1. 获得可持续且稳定的内容输出。

2. 获得更高的流量加权。

3. 实现账号的更快速"涨粉"。

4. 实现更快速的账号变现。

● 账号定位的五大关键要素

一、 利用大数据分析平台用户， 确定发展领域

短视频是社交媒体发展的产物，大多数短视频创作者都要依附于平台生存，而不同

的短视频平台有不同的调性，它们的目标受众和平台用户喜欢的短视频类型都是有一定差异的。所以，在决定做某一平台的账号之前，我们需要借助可用资源，进行一定的大数据分析，分析该平台上最受欢迎的短视频类型，简单来说就是了解哪些类型的账号在该平台粉丝最多。这能够从侧面反映出，该平台哪些类型的短视频受众多，或者说平台对哪些类型的短视频扶持力度大。因此，在进行账号定位之前，我们需要先对平台进行用户分析，确定一个用户关注度高、流量大并且适合自己发展的领域。

数据显示，2022年中国直播/短视频用户对于内容的偏好情况如图1-7所示。其中，超过一半的用户偏好综艺节目及影视音乐相关内容，超过30%的用户则喜欢新闻资讯、体育赛事及游戏电竞相关内容，而偏好健康养生和二次元相关内容的用户最少。

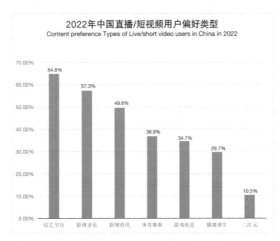

数据来源：艾媒咨询《2022-2023年中国ＭＣＮ行业发展才能》

↑ 图1-7　2022年中国直播/短视频用户偏好类型

表1-1所示为2022年抖音细分领域粉丝数前十的账号排行榜（数据截至2022年6月）。我们可以看到，剧情、搞笑、动漫等可以说是在抖音上最受欢迎的几大领域，而相比之下，旅行、教育、情感等领域的流量则相对较小。

所以，在前期进行策划的时候，我们就要针对不同平台的用户属性有意识地考虑垂直领域的选择问题。关注度高的领域，用户流量大；关注度低的领域，用户流量则相对较小。如果你觉得自己制作的短视频内容质量已经很好了，但流量却一直上不去，那你就要考虑是不是账号定位有问题，可能有些领域关注的人本身就比较少，或者说目前这个领域在该平台已经趋于饱和了，这就需要考虑市场稀缺性的问题，本书在接下来的内容中还会对此进行重点分析。

此外，除了要选择关注度高、流量大的领域，在实际的策划过程中我们还需要综合考虑内容创作者自身的喜好、能够获取的资源以及后期能否持续产出内容等问题，这样账号才能实现可持续发展。

表1-1　2022年抖音细分领域粉丝数排行榜（前十）

细分领域	账号名称	粉丝数（万）	细分领域	账号名称	粉丝数（万）	细分领域	账号名称	粉丝数（万）	细分领域	账号名称	粉丝数（万）
剧情	陈**	5110	萌宠	王**	2229	动漫	一**	4182	搞笑	疯**	7672
	莫**	3127		金**	1869		开**	3032		祝**	4283
	叶**	2976		柯**	1534		奶**	1930		我**	3582
	田**	2776		大**	1476		捷**	1862		多**	2963
	姜**	2707		一**	1232		小**	1811		p**	2763
	陈**	2496		小**	959		蔡**	1686		毒**	2230
	维**	2196		多**	848		S**	1283		阿**	2148
	魔**	1951		P**	725		熊**	1210		青**	2136
	放**	1760		妮**	648		平**	827		太**	2014
	周**	1256		七**	610		汤**	800		河**	1886
舞蹈	惠**	2659	萌娃	朱**	3705	游戏	一**	4058	"网红"帅哥	梅**	3160
	代**	2357		小**	2620		张**	3623		原**	2433
	小**	1947		晨**	2214		蛋**	1996		你**	2239
	A**	1564		博**	1952		呆**	1578		他**	1200
	李**	1125		一**	1578		疏**	1465		二**	1172
	不**	1038		混**	1195		呼**	1158		王**	1084
	线**	991		小**	1189		陈**	1115		垫**	971
	C**	850		S**	1071		王**	1002		粤**	923
	小**	674		小**	998		猫**	987		理**	799
	尹**	668		屁**	927		声**	925		人**	752
情感	陶**	2294	教育	M**	1718	"网红"美女	彭**	3435	美妆	李**	4400
	遇**	1529		刘**	1488		小**	2715		程**	2839
	这**	1416		方**	889		痞**	2680		小**	1663
	冬**	1397		语**	883		X**	2062		韩**	1092
	食**	1392		喻**	835		我**	1707		涂**	942
	北**	1268		李**	749		李**	1432		红**	388
	丁**	1230		言**	530		爆**	1376		马**	639
	笑**	990		国**	468		大**	1343		莓**	576
	唐**	948		约**	428		锅**	1275		b**	570
	乔**	797		卜**	421		小**	1222		R**	566
旅行	老**	1949	汽车	猴**	3804	美食	潘**	3066	音乐	唐**	3787
	房**	1895		虎**	3005		M**	2582		朱**	2258
	东**	1219		大**	2087		我**	2233		许**	1992
	普**	1177		八**	1891		康**	2230		小**	1857
	保**	1147		玩**	1552		安**	2148		可**	1485
	王**	834		小**	1533		蜀**	2077		旺**	1292
	罐**	775		车**	1425		肥**	1937		饭**	1251
	洛**	740		聪**	1420		闲**	1898		东**	1206
	阿**	697		小**	1201		乡**	1883		王**	1083
	大**	520		毒**	1078		噗**	1733		碰**	968

二、 发掘市场稀缺领域， 差异化突围

在当前的短视频领域当中，综合性娱乐类的内容通常会受到大量用户欢迎。这一类短视频账号虽然涵盖用户范围广、流量大，但相较于垂直度高的账号来说，粉丝的精准度和忠诚度较低。若想在某一领域取得一定突破，账号内容的垂直度很重要。垂直度越

高的账号变现的能力越强，商业价值也就越高。如图1-8所示，当商家面对一个拥有300多万粉丝的综合评测账号和一个只有50多万粉丝的母婴用品评测账号，如果有一款育儿类产品需要投放广告，商家会选择哪一个？相信大部分商家都会选择后者。原因显而易见：前者虽然粉丝众多，但大部分对育儿类产品没有需求；而后者虽然粉丝相对较少，但胜在内容垂直度以及粉丝的精准度高，更加符合产品的推广需要。

↑ 图1-8　不同测评账号垂直度对比

都说用户在哪里，市场就在哪里。美妆、游戏、漫画等短视频领域虽然关注度高，流量大，但同类型的账号也很多，市场也相对饱和，创作者不能贸然选择此领域。但只要有用户就有市场，作为内容创作者，我们应该站在用户的角度思考问题，例如，什么领域是用户需要但市场还缺少的。找到市场还未饱和的领域并深耕，自然会吸引对这个领域感兴趣、有需求的用户。短视频平台里也有一些专注于小众市场稀缺领域的账号。比如抖音上某专注于面点制作领域的账号，其视频内容大部分都是一些制作传统面点的教程，其在这个看起来非常小众的面食领域。他在短短几个月的时间内就突破了100万的粉丝量。所以，找到目标用户，发掘市场稀缺领域，是策划"爆款"账号的方法之一。

↑ 图1-9　某抖音账号的视频内容多为传统面点教程

三、 明确用户定位， 分析用户画像

在分析完平台和市场之后，接下来就要分析目标受众了。分析目标受众也就是我们常说的用户定位。其通俗理解就是，这个账号的内容是给谁看的，主要希望吸引哪一类人，哪些用户群体会喜欢这些内容。例如，对目标受众按性别分，是男性，还是女性；按年龄分，是青年人、中年人，还是老年人；按喜好分，是喜欢看电影的，还是喜欢八卦娱乐的，又或者是喜欢做美食的；等等。分类的方法有很多种，如果要将目标受众继续细分下去，我们就需要分析用户画像。如果明确了目标受众是女性，那么她们是什么

样的女性呢？是读大学的女学生，正在备孕的准妈妈，还是喜欢跳广场舞的中年阿姨？这都需要在策划阶段——明确。

那么什么是用户画像，又该如何对用户画像进行分析呢？简而言之，可以将用户画像理解为用户信息的标签。图1-10中所示为一幅简单的用户画像，分别展示了信息数据和行为数据。信息数据主要指用户的个人信息，例如身高、体型、家庭住址等；行为数据主要指用户的行为偏好，例如信用、购买力、兴趣等。我们可以在大致确定了目标受众之后，不断为受众加标签，例如女性——年轻女性——喜欢运动的年轻女性——喜欢做瑜伽的年轻女性——经济条件好且喜欢做瑜伽的年轻女性。目标受众分得越细，用户定位也就越准确。随着短视频内容愈发同质化，保持内容垂直和进行领域细分是一个"突出重围"的方法。

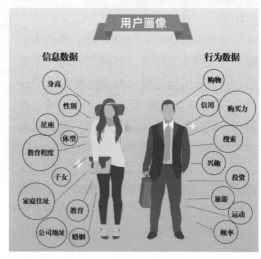

↑ 图1-10 用户画像

例如一些电影解说账号，其主体内容就是用三到六个短视频（一般是三个）来解说一部完整影片。这些账号往往走的是专业解说路线，解说的主要内容也是经典高分电影，通常不会解说一些质量较差或是过于小众的影片。在这些账号中，有的解说风格专业客观、有的解说风格诙谐幽默，它们都能够吸引不同类型的观众。它们所定位的用户是真正喜欢电影或者是想利用碎片化的时间了解电影讲述的整个故事的人群。尽管这类账号受到不少争议，但在传媒环境日益"碎片化"的今天，类似账号层出不穷，这在很大程度上可以证明内容创作者抓住了这部分用户群体寻求娱乐内容、娱乐信息的"刚需"。

四、 内容定位精准垂直

用户定位和内容定位是密不可分的。实际上，你提供什么领域的内容，就会吸引到相应领域的用户。在明确用户定位之后，还要选择相对应的内容题材进行策划，这样才能够吸引目标受众。

在内容定位初期，可能很多人会觉得什么"火"就去做什么，其实这是很多短视频内容创作者容易陷入的一个"误区"。首先，最热门的领域肯定已经有很多人去做了，其内容很容易趋于同质化，不是特别出彩就难以在众多视频中脱颖而出。其次，最热门的领域未必是你最擅长的领域，如若你只是为了分一杯羹，在后期也很容易陷入内容资源枯竭的境地。所以内容创作者一定要选择与用户定位相符合的、自身真正感兴趣的、擅长的，能够在中长期具有持续产出能力的领域。常见的短视频平台内容分类如表1-2所示。

表1-2　短视频平台内容分类

颜值	美妆、美发、减肥、时尚、护肤、穿搭、街拍等
兴趣	汽车、旅行、科技、动漫、美食、影视、配音等
生活	萌宠、日常、情感、家居等
才艺	搞笑、音乐、舞蹈、绘画、编程、外语、魔方、办公软件教学等
体育	足球、篮球、网球、健身、瑜伽等
游戏	游戏解说、游戏直播、桌游、手游、网游等
其他	演员、企业、种草测评、"技术流"、养生、娱乐等

那么具体该如何选择自己要做的领域和内容呢？这里总结了三个比较常用的方法，大家可以进行对照选择。

1. 选择自己擅长并且喜欢的领域

热爱是持续产出内容的原动力，所以内容定位的关键不是"唯热门论"，而是要选择自己真正感兴趣并且擅长的领域。只有感兴趣才有动力，才能比较稳定持续地产出内容。真正的"一夜成名"只是少数，更多的创作者需要日复一日地坚持，这样才有可能做出"爆款"账号。并且在擅长的领域中，你更容易获取相关的资源，这些资源能够帮助你更好地产出内容。其实无论是什么样的内容定位，创作者只要把内容做精、做细，并且一直坚持下去，便能够获得比较好的用户反馈。

2. 选择更垂直化、差异化的领域

如今各大短视频平台已经进入发展成熟期，每天都会产出数以千万计甚至亿计的视频内容，而视频质量低下、内容同质化严重也是许多平台面临的主要问题。所以在进行内容定位时，要尽量避开已经被做"滥"了的同质化内容，哪怕这一内容很火。因为火的视频可能是人家的原创，而且已经有很多人竞相模仿了，这时你再去做，则很难引起广大用户的兴趣。如果真的喜欢并且决定要做相关领域的视频内容，那么就需要做到垂直化和差异化。

实际上，垂直化和差异化是相辅相成的，如果你的内容足够垂直，往往也就与同类领域的创作者产生了差异。美妆博主有很多，某知名博主则细分美妆下的一个品类，在早期为自己确立了"口红博主"的网络"人设"。或许很多运营者会认为口红是一个过于细分的品类，目标受众也非常少。事实证明，内容定位越精准，账号定位越垂直，就越能吸引更忠诚的粉丝，后期变现也就越容易。

在你所定位的领域里，如果平台中已经有了大量相似的视频内容，甚至有很多视频创作者已经做成了大号，那你就要考虑换个角度切入，或者对内容进行优化。进行内容优化的办法有很多，但最简单的办法就是参考同类型账号，进行竞品分析，借鉴他们做得好的地方，不断优化，并且分析类型标签，找到与同类型账号差异化的内容。如果说

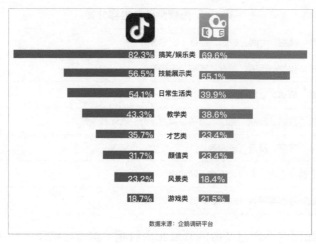

↑ 图1-11　抖音/快手用户更喜欢看的视频类型

你的账号定位是舞蹈，但是定位为舞蹈的同类型账号非常多，要想脱颖而出，则需要再次细分，比如明确是一个人跳舞还是一群人跳舞，是男生跳舞还是女生跳舞，是年轻人跳舞还是老人跳舞。

如果说你的账号内容定位是四个女生一起跳舞，已有同类型的账号，那就需要继续分析，进行"标签化"细分，明确是室内跳舞还是室外跳舞（见图1-12）；室内跳舞是在专业的练习室还是在家中，室外跳舞是在嘈杂的街头还是安静的小巷。一定要不断地分析同类型账号，并为自己的账号贴标签，找准并且放大差异化内容，这样才有可能实现"弯道超车"。

例如抖音上很火的"美食"类型，会做美食、教做美食的博主有很多，某美食类博主通过差异化突围，将内容定位为"最会在办公室做美食的"，开辟了自己的一番天地；还有会唱歌的人很多，而有的博主的定位是"唱歌最快的"；会跳舞的

（a）室外跳舞　　　（b）室内跳舞

↑ 图1-12　室外跳舞和室内跳舞的短视频页面截图

人很多，而有的博主的定位是"会跳舞的人中笑容最美的"；会做特效的人很多，而有的博主的定位是"最会用特效表达情感的"。在抖音平台上有很多诸如此类的粉丝量很多的大号，可见，相同类型的内容定位只要做到差异化，也有可能赢得大量用户的喜爱。所以，如果你真的想做某个领域的内容，并且这个领域是你发自内心喜欢的，那么你只要找到与别人不一样的点并坚持做下去，就有机会成功。

3. 选择能够原创而非搬运的领域

你选择的领域应该是你能够产出原创内容的领域，而非在其他平台搬运内容。很多人在一开始运营一个账号的时候，为了降低成本，通常会模仿"爆款"视频内容或者直接搬运其他平台现有的视频内容。模仿或者搬运的做法在一开始或许能够吸引一定数量的粉丝，但这样形成不了自己的核心竞争力，往往粉丝黏性和忠诚度都较差，很难做成大号，也容易影响后续的变现。并且现在很多短视频平台对于搬运、抄袭的内容打击力度很大，如果视频内容被判定为抄袭，轻则降低权重，重则直接封号，是非常不利于账号长期发展的。所以对于真正想做短视频创作并且想做出一定成绩的内容创作者而言，一定要坚持发布原创内容。

知识点

如何选择账号内容定位领域

1. 选择自己擅长并且喜欢的领域。

2. 选择更垂直化、差异化的领域。

3. 选择能够原创而非搬运的领域。

五、 四种方法打造 "人设"

简单来说，"人设"就是人物设定，可以理解为包装人物的"外衣"。艺人通常会有各种各样的"人设"，例如"段子手人设""学霸人设""高冷人设"，很多粉丝也因为"人设"喜欢上某个艺人。我们做视频内容，很多时候其实也是在打造"人设"，突出的是"人"。对于想独立制作短视频账号的人来说，也需要思考如何让账号更像是一个人，而不只是一个冷冰冰的账号，这就需要打造"人设"。"人设"一定程度上能够提升账号的商业价值，快速吸引粉丝集群。一个成功的"人设"，甚至比账号本身更加重要。大家都知道"人设"的重要性，都在打造"人设"，那么如何让自己的"人设"脱颖而出，赢得受众的喜爱和关注呢？

1. "人设"要符合内容定位

和电影、电视剧不同，短视频消耗的是用户的碎片化时间。平台推送机制也决定了大部分用户看到的可能只是你发布的某一条视频，他们不会翻看完你账号的所有视频。因此，要在十几秒的时间内让用户快速明白你的"人设"，那么你的"人设"就要与内容相契合。也就是说，"人设"定位就是你的内容标签，"人设"要符合视频输出的内容。只要在内容中塑造出个性鲜明、与众不同的"人设"形象，你的账号自然会受到用户的喜欢和关注。

2. 强化"人设"记忆点

"好看的皮囊千篇一律，有趣的灵魂万里挑一。"在塑造"人设"之前，一定要明确自己的定位，找到自己容易被用户关注和喜爱的闪光点。总而言之，就是要挖掘出自身与众不同的吸引人的点，并且不断强化它。一个受关注度高的"人设"，必定有其特点和记忆点的。还可以通过一些特有的服装或者动作来塑造人物特点，加深用户的印象，你应该巧妙利用这些特点，强化"人设"，从而形成自己的人物特点，赢得用户的关注和喜爱。

3. 贴近最真实的自己

和全方位从零开始打造"人设"不同，短视频消耗的是用户的碎片化时间。而在短时间内去扮演一个完全不符合自身形象和气质的角色是比较难的，而且也会给人虚假、不真诚的感觉。打造的"人设"要尽量贴近真实的自己，例如如果你本身是一个比较内向沉闷的人，就不要强迫自己去打造搞笑的"人设"。短视频让每个人都有展示自我的机会，因为视频时长短，你可以选择性地展现自己的优点，将身上的闪光点无限放大，让更多的人看见和喜爱。你在分享最真实的生活和最真实的自己时，反而有可能因为真实而吸引受众。例如某抖音大号前期就是因分享忠哥在生活中和老婆之间的故事而出名的。

4. 打造"差异化人设"

一个优秀的账号是能够打造"人设"的差异化优势的，这里的"差异化人设"主要指的是"人设的差异化呈现"。如图1-13左图所示，该博主是"95后"，是一位在农村创业的博主，这可以成为短视频账号塑造的一个"人设"。但如果仅仅是这样，差异化还不够显著。该博主找到了一个"差异化人设"——有"八个外甥的舅舅"，并给自己起名为"江南舅舅"。这样一来，他的标签便是回乡创业，并且有八个外甥的博主。打造出了非常鲜明的"人设"，很自然地吸引了众多用户的关注。

↑ 图1-13　抖音短视频两大剧情类博主

打造"差异化人设"，还要找到自己和别人不一样的地方，要么人无我有，要么人有我优。例如，已年过花甲的音乐博主"诉爷"，如图1-13右图所示。其实"爷爷"的人设在短视频平台本身就是一个小众的赛道，绝大部分博主都是年轻人。同时，诉爷还是一位非常时髦的"爷爷"，穿衣打扮都很"洋气"，并且生活也很丰富多彩，和大家固有印象里的"爷爷"都不一样。这位"爷爷"还弹得一手好钢琴，从古典乐到流行乐，都信手拈来。短视频平台上，会弹琴的博主很多，时尚博主很多，主打"大龄"的博主也不少，但是这么一位不被时间困住、时髦洋气，并且会弹钢琴的"爷爷"，却可以说是独一无二。如此形象鲜明，自然更容易脱颖而出。

知识点

账号定位的五大关键要素

1. 大数据分析平台用户，确定发展领域。

2. 发掘市场稀缺领域，差异化突围。

3. 明确用户定位，分析用户画像。

4. 内容定位精准垂直。

5. 四种方法打造"人设"。

1.2 如何策划"爆款"选题

短视频社交平台实现了很多草根"一夜成名"的梦想。为什么有的短视频能在短时间内刷屏，成为"现象级"的内容？为什么有的短视频只有短短的十几秒、几十秒，却能够在短时间内"爆红"？短视频内容的选题策划是其中不可或缺的重要因素。那么，什么样的选题才能成为"爆款"？除去运气成分，要想制作出"刷屏级"的短视频，我们需要找出"爆款方法论"，在账号定位的基础之上进行选题策划。

● "爆款"选题的三大标准

要想策划出"爆款"选题，首先需要知道什么样的选题才是"爆款"选题，也就是说明确"爆款"选题的标准是什么。但是，"爆款"千千万，它们成功的原因不会只有一个，它们的成功都是综合因素作用的结果。我们很难说出每一条短视频成为"爆款"的原因，但普遍性寓于特殊性之中，在分析总结上万条"爆款"短视频后，我们发现能成为"爆款"的短视频往往满足了以下三大标准，如图1-14所示。

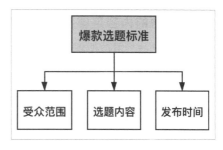

↑ 图1-14　短视频"爆款"选题三大标准

一、选题的受众范围足够广

内容创作者在策划选题之时，大多已经有了明确的账号定位，确定了内容垂直领域以及目标受众。用户定位精准垂直很大程度上决定了视频创作的内容方向以及平台的流量分发。但是对于"爆款"选题来说，目标受众的针对性过强并不是优势。单纯地将受众细化只会限制视频的分发量和用户的覆盖面，从而难以产生"爆款"。因此判断一个选题能否成为"爆款"，其触达的受众范围是否够广是非常重要的标准。

如图1-15左图所示，该短视频的主要内容是介绍簋街的小龙虾，虽然其中的小龙虾看着很诱人，但其在选题上却有个致命缺点，使其较难成为"爆款"。该短视频的内容限制在了"簋街"，这是北京的一条小吃街，其小龙虾尤为出名。但是出了北京，可能很多人都没有听说过这条街，因此这个选题就有了"排他性"。对于在簋街吃过小龙虾的受众来说，其可能比较容易产生共鸣从而给这条视频点赞，但这个受众范围是非常窄的，大部分用户并没有吃过簋街的小龙虾，甚至不知道簋街在什么地方。

图1-15右图所示为某美食博主的一条关于"小龙虾制作教程"的短视频，其获得了很高的点赞量。该短视频的内容只将用户分为两种，想学做小龙虾的和不想学做小龙虾的，甚至很多只是喜欢吃小龙虾的用户都有可能成为其受众。很明显，喜欢吃小龙虾的受众范围肯定比在簋街吃过小龙虾的受众范围要广。选题小了，受众相对也比较少，而本来就很窄的受众范围内喜欢你的短视频，且愿意给你点赞的用户更是少之又少。因此，在策划选题的时候，首先要考虑选题的受众范围，受众范围越广，才越有可能产生"爆款"。

↑ 图1-15　同一类型不同选题的短视频数据差异大

二、 选题的内容足够戳中受众的 "点"

这个"点"不仅仅指"痛点"，还包括"看点""热点""槽点""情绪点""爽点"等，如表1-3所示。"痛点"是正好贴近用户心理、大众所关心的内容；"看点"是让用户喜欢看，有价值、令人感兴趣的内容；"热点"是当下正在发生的，大众关注的内容；"槽点"是引发用户吐槽，甚至屏内外互动的内容；"情绪点"是能引起用户情感共鸣的内容；"爽点"则是能够给用户带来即时性满足的内容。选题一定要有一个能够戳中用户的"点"，才有可能成为"爆款"。

表1-3　短视频内容看点

"痛点"	贴近用户心理，大众所关心的内容
"看点"	用户喜欢看，有价值、令人感兴趣的内容
"热点"	当下正在发生的，大众关注的内容
"槽点"	引发用户吐槽，甚至屏内外互动的内容
"情绪点"	能够引起用户情感共鸣的内容
"爽点"	能够给用户带来即时性满足的内容

例如一个用户想要学做菜，这时正好刷到一条美食教学的短视频，就会选择去点赞收藏。那么这条短视频在当下就戳中了这个用户的"痛点"，因为这正好是他关心的或者想要去寻找的内容。其实，如果我们仔细分析"爆款"短视频，都能从中找出几个能够戳中用户的"点"。

例如博主"江南舅舅"的很多短视频都是对生活中比较常见的现象进行改编，并用夸张、诙谐的方式表现出来。如图1-16所示，他的一条"一放假8个外甥全来我家过年"的短视频获得了高达188万的点赞量。视频中，博主"江南舅舅"在老家吃饭，8个小孩大喊着"舅舅"奔向他，博主一脸无奈，看着8个孩子们环抱在自己身上，孩子们的父母则丢下行李，开车扬长而去。我们分析一下该视频的选题。"过年外甥来家里"在日常生活中是很常见的事情，很多年轻人应该也都有过年帮忙带小孩的经历，所以这个选题是比较贴近大众生活的。但是，博主用"夸张化"的手法进行表现，让常见的事情变得"奇观化"，显得更有看点。相信有过帮亲戚带小孩经历的人都深有体会，带一个都累得够呛，而博主却是一个需要带8个小孩的舅舅。8个外甥们来我家的剧情展现戳中了用户的"槽点"，引起了很多人的"情感共鸣"。

↑ 图1-16　江南舅舅"一放假8个外甥们全部来了"短视频截图

三、 选题的发布时间足够巧

这里的发布时间是指除了每天的流量高峰之外的时间，比如说春节、情人节、儿童节，或者是一些时下的热点相关的时间等，合适的发布时间能够为短视频起到锦上添花的作用。像关于爱情的短视频，将其放在情人节或者5月20日发布，肯定比放在其他的时间发布容易收获更高的关注度。选择合适的发布时间或者说在某些特殊的时间节点发布合适的短视频，能够吸引到更多的流量和更高的关注度，助推其成为"爆款"短视频。例如抖音某博主在5月20日的时候发布了一条"你知道520的真正含义吗？"的短视频，获赞量达64万，这条短视频是该博主当时发布的所有短视频中点赞量第二高的。如果不是在该特殊时间点发布，该短视频应该很难获得这么高的点赞量。

所以我们说的发布时间足够"巧"，除了碰巧遇上热点事件的情况之外，更多的是需要注意特殊的时间点并且紧跟其后。很多突发的热点事件或许很难跟上，但是像节日这种固定的时间点，我们则可以提前准备。如果内容做得足够好或者足够出人意料，不但有可能打造出"爆款"，还有可能掀起新一波的热潮。

知识点

"爆款"选题的标准

1. 选题受众的范围足够广。

2. 选题的内容足够戳中受众的"点"。

3. 选题的发布时间足够巧。

● 挖掘 "爆款" 选题的三大策略

真正好的选题不是一蹴而就的，而是需要我们长时间的积累和学习。那么如何积累素材，挖掘"爆款"选题呢？这里为大家总结了以下三大策略。

一、 日常积累素材， 建立选题库

分析"爆款"短视频，我们会发现几乎所有的内容无不是来源于生活。例如有段时间很火的话题"奶奶给我缝破洞牛仔裤"，反映了现实生活中年轻人和老年人的代沟和生活方式的差异。这样的事情在生活中都非常常见，以短视频的形式展现出来，引起了很多网友的共鸣，打造了"爆款"。所以，日常生活的积累非常重要，我们应该观察身边人、身边事，多看热点新闻，建立一个选题库，有合适的素材就放进这个选题库当中。

二、 借鉴 "爆款" 视频， 分析 "爆款" 因素

很多"爆款"短视频，其发布者都是"无心插柳柳成荫"。但是，每一条"爆款"短视频的背后都有其成为"爆款"的原因。作为内容创作者，我们需要去学习这些短视频，分析其背后的"爆款"因素，同时生发出自己的"爆款"选题。例如一位司机为骑自行车回家的小学生照路的短视频一出现便成为"爆款"，掀起了全民关注点赞的热潮。

图1-17左图中，我们可以看到，该短视频的画质很差，甚至连小学生的脸都看不清，拍摄的司机也是单纯害怕被碰瓷而随手记录了这条短视频，这条短视频的点赞量也接近600万，其"爆款"因素不在于短视频本身的内容，而在于短视频背后所承载的情感及观众对这种善意行为的认同感。

借鉴这条短视频的爆款因素，我们可以策划出很多选题。比如在这之后，也出现了很多类似的作品，并且很多也获得了很不错的数据。如图1-17右图中，是这样一条短视频，白天小区狭窄的道路上，爷爷奶奶搀扶

↑ 图1-17　抖音某"爆款"短视频截图

着在前面走，走得很慢，但身后的司机没有按喇叭，一直慢慢跟着。这条短视频在抖音上也获得了200万的点赞量。每一条"爆款"短视频背后肯定都有其成为"爆款"的理由，我们应该透过现象看本质，挖掘出属于自己的"爆款"选题。

三、 紧跟热点事件挖掘选题

从热点事件中找选题应该说是最常见、也最容易打造"爆款"的方法。首先，热点事件是全民关注的，本身就有受众基础和自带流量。其次，热点事件的相关报道和素材都比较多，可创作的空间较大。紧跟热点事件，从中挖掘选题制作的短视频，更容易成为"爆款"。

紧跟热点事件不是"唯热点论"，也不是发布和该热点事件相同的内容，而是根据热点事件从不同的角度进行挖掘，找到热点事件的创新点或者是其背后不为人知的故事，这样才有机会打造"爆款"。例如杭州举办第19届亚运会，围绕亚运会这一热点事件展开的视频内容层出不穷。但是，有这么一条视频内容却在众多亚运相关的视频中脱颖而出，成为了点赞"百万+"的"爆款"。视频内容从杭州的角度切入。为了办好亚运会，杭州钱塘江边的公共座椅都已经升级改造成了现代化的可充电座椅。从小细节处表现杭州为了亚运会有多努力，这条视频也得到了180多万的点赞量以及60多万的评论量。

↑ 图1-18 抖音某"爆款"短视频截图

知识点

挖掘"爆款"选题的三大策略

1. 日常积累素材，建立选题库。

2. 借鉴"爆款"视频，分析"爆款"因素。

3. 紧跟热点事件挖掘选题。

● **四种方法教你制作 "爆款" 选题**

那么怎样才能制作"爆款"选题呢？在分析了抖音大量热门短视频之后，我们主要总结出以下四种方法。

一、 结合热门话题， 提取 "爆款" 元素

相比原创选题，热门话题本身自带流量和热度，受众范围较广。结合热门话题以及自身的账号定位进行选题筛选，提取适合账号内容的"爆款"元素进行复刻，更容易打造"爆款"短视频。

例如某抖音账号的视频内容大多取材于当下社会发生的热点事件和话题，提取核心元素，改编成短视频。前段时间"记者卧底缅甸诈骗组织"的新闻受到社会的广泛关注，该账号对这条新闻进行了创作改编制作出了一条反诈短视频。视频中，主人公打电话对老奶奶进行诈骗，看似打电话骗钱，实则与线人沟通。最后给出镜头特写，主人公其实是一名优秀记者，为了救人卧底诈骗组织。

↑ 图 1-19　某博主将社会新闻改编为短视频

热门话题不仅可以是当下的热点事件，也可以是曾经引起过热议的社会话题或者是母亲节、建军节等节日性话题。该事件发生的时候，在大众中的关注度很高，大部分人或多或少都了解或者听过这样的事情，因此容易引起情感共鸣。

二、 创新改编热门背景音乐

以抖音为例，其定位是一款音乐创意短视频社交软件，足以见得音乐在其中的作用。因此，要想制作出"爆款"短视频，创新改编热门背景音乐（Background Music，BGM）能起到锦上添花的作用，甚至能直接让你的短视频"上热门"。

2018年，一首《答案》火遍大江南北，很多用户都在自己的短视频中使用该BGM，如图1-20所示。好的BGM自带流量，选择热门BGM在前期的确会给短视频内容带来一定流量。但是，如果BGM太过火爆，大家都在使用，则容易导致审美疲劳，效果适得其反。这时，如果能对热门BGM进行一定的创意改编，则会给用户带来新的审美体验，获得更高的关注度。例如抖音上就有博主将这首《答案》与《天堂》巧妙地结合到了一起，打造了火爆一时的热门BGM，超过39万人使用过这首BGM。而使用这首热门BGM的短视频点赞量最高的有241万，很多短视频的点赞量也都在100万以上。

↑ 图1-20 使用热门BGM《答案》的"爆款"短视频截图

三、 对口型也有机会 "上热门"

自影像技术诞生以来，音乐短视频，也就是我们经常说的音乐短片（Music Video，MV）成为世界范围内广受欢迎的短视频。但是MV拍摄难度较高，并且对于被拍摄者的要求也很高，既需要会唱，也需要会演，因此只有专业团队才能够拍摄。在此背景之下，2014年国外出现的一款名为Dubsmash的软件可以让用户对口型表演，内置音频台词，并且时长大多在10秒之内。2015年国内也上线了一款类似的对口型表演软件——小咖秀，一度掀起全民表演的风潮。抖音和小咖秀一样，都学习借鉴了Dubsmash的模式，而对口型表演在抖音也颇受用户欢迎。

在抖音，如果你喜欢某一位用户的BGM，直接点击"拍同款"，便可以使用该用户的BGM拍摄自己的短视频，如图1-21所示。该原声视频的点赞量为47.7万，而前者对口型表演的这条短视频点赞量却有644.3万。除去运气成分之外，相比于原声博主，对口型表演博主的形象更符合这首BGM所表达的内容，给人以"自黑"的感觉，更加可爱有趣。抖音给了很多可能有表演天赋、但不会创作的人机会。选择合适的BGM，配上恰如其分的表演，你的短视频也有机会成为"爆款"。

↑ 图1-21 原声视频（左图）和对口型视频（右图）

四、 学习使用热门短视频的表达方式

随着短视频的发展，在大量综合性娱乐类短视频充斥的情况下，剧情类短视频也有不错的表现。如果仔细去分析这些"爆款"短视频的剧情内容可以发现其表达方式大致可分为：剧情反转、直接煽动情绪、男扮女装。

剧情反转是热门短视频最常用的表达方式，这类短视频往往走的是搞笑路线。如图
1-22所示，某剧情博主接近1000万获得点赞量的某条短视频就是剧情反转类的。一位韩国女子到一位大哥的摊位上买豆浆，大哥对女生说了一句"撒拉嘿"（韩语音译"喜欢你"），女子听后娇羞地回应"撒拉黑哟"（韩语音译"我喜欢你"）。没想到大哥只是因为看到女子的豆浆撒了，说了一句"洒了嘿"，猝不及防的剧情反转令人捧腹，这条短视频也获得了954.2万的点赞量。

↑ 图1-22　某剧情博主剧情反转类短视频截图

直接煽动情绪的类型在剧情短视频中也非常常见，这类短视频中往往会有一个"坏人"，他们欺负"弱者"，没有公德心。这时一定会有一个"正义者"出现，阻止"坏人"的不良行为。"坏人"的行为往往直接且恶劣，容易煽动受众情绪，而剧情中"正义者"的胜利则会给人一种畅快之感，引起受众"坏人就应该得到惩罚"的共鸣。用户对短视频所表达的价值观表示认可，通常不会吝惜点赞或者评论，因此这类短视频只要制作稍微精良，就容易成为"爆款"。

男扮女装的表达方式相比于前两种，应用范围没那么广泛，因为它对于表演者有一定的门槛要求，但是只要扮演到位，往往能取得意想不到的效果。很多博主都是男扮女装演出剧情类短视频，并且都拥有大量粉丝，每条短视频的点赞量也都非常高。

知识点

四种方法制作"爆款"选题

1. 结合热门话题，提取"爆款"元素。

2. 创新改编热门背景音乐。

3. 对口型也有机会"上热门"。

4. 学习使用热门短视频的表达方式。

1.3　如何从0到1运营"爆款"账号

若想成为"爆款"账号，除了前期的账号定位以及选题策划之外，还离不开平台运营的加持。内容创作者都是依附于平台生存的，了解平台运营规则，与平台和谐共生，

更有利于长期的可持续发展。表1-4所示为以抖音为例的短视频社交平台运营基本规则，可告诉大家如何从0到1进行平台运营。

表1-4 以抖音为例的短视频社交平台运营基本规则

运营维度	建议	不建议
基础要求	符合平台发布规范 原创、首发	违反平台规则 抄袭、搬运
短视频内容	竖屏画幅 画面清晰明亮、无Logo与马赛克 内容有创意，借鉴热门短视频和音乐	横屏画幅 画面清晰度低、质量差 内容无趣、无配乐
短视频封面	封面画质清晰，标题样式统一 标题突出短视频重点、吸引人	封面模糊、无内容 无文字标题 标题样式难看，"标题党"
短视频时长	15～30秒	小于15秒或大于30秒
短视频文案	描述短视频主要内容 能引导互动	无内容 广告文
发布时间	高峰时段发布(中午、晚上) 更新频率稳定(建议日更)	非高峰时段发布 断更时间长，更新频率低
互动管理	及时回复评论 为评论点赞 评论区引导用户互动	不回复 不点赞 不评论

● 深入了解平台算法推荐机制

对于任何短视频的运营，第一步就是要了解平台的算法和推荐机制。不同平台的算法逻辑不同，因此推荐机制也会有一定的差异。"酒香也怕巷子深"，了解平台规则才能更好地利用规则，从而获得更多的流量推荐，打造"爆款"。接下来将以抖音为例介绍抖音App的算法推荐机制。

一、算法逻辑

抖音等大部分短视频平台的推荐机制都是靠大数据模型做算法推荐，是主页推荐流的形式。以抖音为例，其主打比较前卫、年轻化的短视频内容，更新速度快，主要的用户定位是一、二线城市的年轻群体。抖音发布的一条短视频通常会得到300～500的基础流量推荐。之后系统会根据大数据模型综合评估短视频的转发率、评论率、点赞率、完播率以及用户停留时长等指标。如果数据好，该短视频被系统判定为优质内容，则会被系统自动推荐到更大的流量池，曝光量为3000～5000。如果该短视频数据表现依旧很不错，则会被进行人工审核，如无违规情况便有机会被推荐到10万级甚至更大的流量池。抖音的流量曝光时间通常在1周左右，所以在一条短视频发布之初，一定要提升维护系统评估的那几项数据，这样短视频才有可能被推荐到更大的流量池，而尽可能多的曝光量是"爆款"短视频产生的基础。短视频平台算法机制流程如图1-23所示。

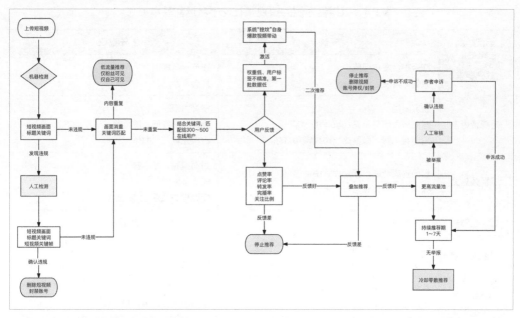

↑　图1-23　短视频平台算法推荐机制流程

二、 推荐机制

抖音的推荐机制通常是依据短视频的转发率、评论率、点赞率、完播率、粉丝量、账号活跃度等指标的综合数据而定的。

（1）转发率=转发数/播放量。转发即用户将别人的短视频转发到自己的主页或者分享到其他社交平台上。转发率是重要的参考指标。如果想获得更多的推荐量，在短视频发布之后，就可以号召身边的朋友积极转发，提高转发率。

（2）评论率=评论数/播放量，点赞率=点赞数/播放量。评论率或点赞率越高，说明短视频越受欢迎，该短视频就越有可能被送入更大的流量池。并且评论对于短视频本身也有非常重要的加持作用，有些内容普通但却成为"爆款"的短视频，有可能只是因为网友的一条"神评论"。

（3）完播率=完播视频数/播放量。如果一条短视频时长30秒，大部分用户没看完或者看了几秒之后就划走了，这条短视频的完播率就比较低，后台系统的算法就会自动判定这条短视频不受欢迎，因而减少流量推荐。所以在账号创立之初或者对内容没有足够的把握时，应尽量减少短视频时长，提升完播率。

（4）粉丝量和账号活跃度。粉丝量包括现有粉丝量，新增关注粉丝以及取关粉丝。账号活跃度除了可内容的定时定量更新提高之外，也可以通过观看、点赞、评论其他博主的短视频来提高。高粉丝量和高活跃度可以提升账号权重，获得更高的流量推荐。

● 精细化运营，实现快速"涨粉"

随着短视频的不断成熟发展，各大平台也涌现出越来越多的优质账号和内容创作者，短视频内容也朝着越来越垂直化的方向发展。不过大量的创作者涌入意味着更大的压力，要求运营也应更加精细化，这样运营者才有可能在激烈的竞争中获得一席之地。

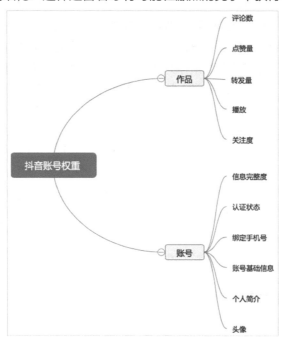

↑ 图1-24 抖音账号权重评估指标

一、 精准账号基础搭建

1. 账号名称

用户对某个账号的第一印象往往来自账号名称，它相当于一个IP标识，虽简短却能直观表达很多信息，因此一个好的名称对于账号来说能起到锦上添花的作用。

总的来说，一个优秀的账号名称要符合"好理解""好记忆""好传播""好区分"这几个要求。"好理解"就是通俗易懂，用户一看就明白是什么意思，应尽量少用生僻字或者一些不常用的词语与表达方式。"好记忆"则是要求账号名称不能过长，应直接使用常用的词语和表达。"好传播"是相对"好记忆"提出的更高的要求，好记忆的名称不一定好传播，但好传播的名称一定是好记忆的。"好区分"是对账号名称的独特性提出的要求，创作者应尽量选择一个有区分度的名称，而不要选择那种名称，尽量做到独特甚至独一无二，让用户一搜就找到你。

2. 账号简介

很多人在搭建账号的时候往往容易忽略账号简介，但简介是用户了解账号的很重要的途径，最好能一句话说清楚账号的主要内容。在一开始运营账号的时候，切忌在个人简介上留下自己在其他平台的名称或者联系方式（有一定粉丝基础了之后可以留），不然有可能会被平台识别为广告，降低权重。

3. 账号头像

用户对一个账号的第一印象除了来自账号名称就是来自头像了。头像的选择通常可根据账号定位的内容来决定，比如说内容为真人出镜，那么头像最好使用出镜者的照片；如果是评测或者好物推荐类的内容，则可以用文字作为头像。

虽然头像的使用没有好坏之分，但要尽量避免以下这些问题：第一，以画面质量较差或者不太美观的动植物或者风景作为头像，这样会显得非常不专业；第二，以产品图片或者二维码作为头像，这样像营销号而容易使用户产生反感；第三，以人群作为头像，没有重点。如果"人设"IP就是一群人的话，建议以队伍的名称作为头像。头像可以说是账号的门面，也可以选择个人的高清照片作为头像。

4. 其他信息

性别：行业定位，目标用户。

生日：严肃类内容年龄可设置得偏大，娱乐搞笑类内容年龄可设置得偏小，打造人物IP的内容时建议填写真实年龄。

学校：行业定位。

手机绑定：一机一号，否则影响推荐。

二、 把握流量高峰时间

有研究显示，大部分用户会选择在睡前或者上下班、上下学途中等碎片化的时间观看短视频，18点之后是用户活跃的一个高峰期。精细化运营账号需要把握流量高峰时间，在用户活跃度较高的时间段发布短视频，这样更有利于获得关注，实现"涨粉"的目标。

以抖音为例，大部分人公认的最佳发布时间段有以下几个。

9：00—10：00，早上小高峰，很多人会在刚起床或者上班路上看一会儿短视频。

12：00—14：00，午休间隙，很多人会趁着吃饭和休息的时间看短视频。

18：00—20：00，晚高峰，很多人会在下班的路上或者吃晚饭的时间看一会儿短视频。

20：00—22：00，用户活跃的高峰期，22：00之后开始下降。

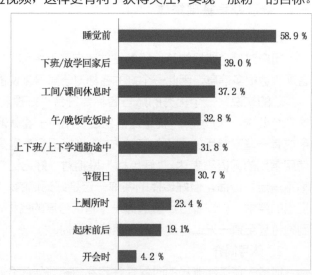

↑ 图1-25   短视频使用时段分析

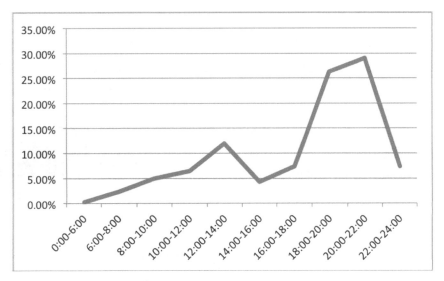

↑ 图1-26　短视频使用时段分析

三、 遵守平台发布规范

　　无论在什么平台运营账号，都要遵守平台的规则。短视频制作也是一样，在发布短视频之前，我们必须要先了解平台规则，确保短视频内容符合平台规则。违反平台规则，轻则被删除短视频、限制流量，重则被屏蔽短视频甚至被封号。这样一来，无论有多少粉丝都无济于事。所以在平台上运营账号之前，需要了解平台规则，明确什么样的内容是不能发的，什么词语属于敏感词。如果发现账号突然被限流或者商品链接被下架，这些都有可能是因为你发布的短视频或商品违规了。这里以抖音为例为大家介绍短视频平台发布规范，如表1-5所示。

表1-5　抖音短视频平台发布规范

违规类型	账号违规、商品违规、资料违规、短视频违规、关键词违规、版权违规、操作违规
违规惩罚	限制流量、屏蔽热门、删除短视频、限制使用、账号封号
发布规范	1. 短视频不带第三方平台水印、Logo等明显商业标识； 2. 短视频内容符合社会主义核心价值观，不能出现色情、暴力、政治、宗教、危险、错误引导青少年等内容； 3. 短视频内容关键词不应包括脏话、拜金字眼、诋毁侮辱词汇等不适合出现的用语； 4. 不能有第三方平台导流二维码、数字、口播、引导等违规引流行为； 5. 短视频内容不能出现品牌Logo，不能有引导点赞、下单、促销、特卖、拼团、最低价等销售行为、口播及文学； 6. 短视频标题和评论区不能出现引流、侮辱性、诋毁性等文字； 7. 不能有"刷粉""刷赞""开脚本"等违规引流行为； 8. 商品标题不能出现"短视频同款""点击红包""秒杀"等信息

四、 引导粉丝参与互动

除了账号本身内容优质之外，有意识地通过短视频内容或者文案引导粉丝参与互动也是实现快速"涨粉"的重要手段。互动的方式有很多种，例如引导用户评论或者合拍。

图1-27的左图所示就是一个典型引导用户评论的方式，博主让用户为自己评论，然后自己再将用户的评论唱成歌，形成一个用户和博主之间双向的互动。这种有意识地引导粉丝互动的方式，能吸引用户关注评论从而获得更好的数据表现，继而使短视频被推到更大的流量池中，从而机会获得更多用户的关注。图1-27的右图所示则是通过合拍的方式来引导用户进行互动。我们可以看到，该短视频的点赞量超过20万，转发量也有6.8万，这个转发量相对点赞量来说已经很高了，可见有很多用户与博主的短视频进行了合拍互动。这种方法也能增加曝光量，实现快速"涨粉"。

↑ 图1-27　引导粉丝参与互动的短视频内容截图

五、 迅速有效的外部助推

抖音的算法是多级推荐模式，短视频在发布后的第一个流量池内，如果转发率、评论率、点赞率以及完播率等数据较好，便有机会进入更大的流量池。因此对于起步阶段的账号来说，在前期发布短视频时获得的外部助推尤为重要。发布短视频后，利用社群等渠道发动更多人第一时间完成转发、评论、点赞，这类外部助推可以带来一定的数据增长，这对于账号的冷启动会更加有利。

知识点

如何精细化运营，实现快速涨粉

1．精准账号基础搭建。

2．把握流量高峰时间。

3．遵守平台发布规范。

4．引导粉丝参与互动。

5．迅速有效的外部助推。

● 优质短视频的三大元素

一条短视频能火肯定有多方面的原因。当下的短视频软件纷繁多样，不同平台又有不同的规则和调性，但总的来说一条"爆款"短视频的诞生离不开好的内容价值、优秀的视频质量和良好的平台运营。短视频的时长通常为十几秒，长的也不过一分钟，要想在十几秒秒内发挥自己的优势，制作出"刷屏级"的短视频内容，我们需要关注以下几个元素：视频的基本质量、内容的价值趣味、音乐的节奏选择。这些元素不仅仅在于技术层面的考虑，而且需要运营者在策划、定位过程中进行通盘考虑，往往与前期投入、预算制作等工作息息相关。

一、 短视频的基本质量

一条短视频的基本质量主要从以下几个方面考虑和评判。

（1）画面：包括画质清晰度、画幅完整度、画面美观度、画面流畅度高，以及画面无马赛克、Logo和黑边等。

（2）封面：封面可以说是一条短视频的门面，其基本要求和画面基本相同，并且要求有重点、有创意，能够吸引眼球，并且与短视频内容主题相呼应。

（3）标题：一般来说，标题不能过长，要求完整，能突出短视频主要内容，并且要吸引人，尽量保证真实性，杜绝"标题党"。

（4）文案：很多时候我们看到一条短视频的质量和内容很一般，但却获得了很高的关注度，有可能就是文案的作用。

好的文案能够吸引用户并提高短视频的完播率，如图1-28所示。该文案以陈述性的语句"下辈子不来了"吊起用户的胃口，让人不禁十分好奇短视频中的女子到底发生了什么，使用户产生了观看该短视频的兴趣。这条短视频获得了近450万的点赞量，文案在其中的作用是非常大的。

↑ 图1-28 好的文案能吸引用户

二、 内容的价值趣味

平台用户是否愿意观看某条短视频或者是否愿意为某条短视频点赞，主要取决于两个原因：这条短视频是否有趣或者有用。前者可以获得愉快的感受与审美体验，后者则可以获得有价值的知识与情感共鸣。真正优质的短视频，无论属于什么类型，都能够带给受众带来意义，而不是让受众看完之后不知所云。内容带给受众的可以是实用价值，比如说知识类、测评类、教学类、好物推荐类等短视频，对于受众来说其是有一定的功能和用处的，有相关需求的用户自然会关注。内容带给受众的也可以是一种情绪，让用户有情绪波动，产生情感共鸣，例如感人、有趣、好玩的短视频。

没有人会喜欢看一条没有任何内容和价值的短视频，就算是颜值类的短视频内容，也要能让用户感到赏心悦目。

三、 音乐的节奏选择

一段好听的、合适的音乐对于短视频来说会起到事半功倍的作用。但音乐的选择比较主观，它没有具体的规则和范式，而需要创作者根据短视频表达的内容和主旨以及整体节奏等方面综合考量之后进行选择。作为一名短视频创作者，音乐的选择总的来说可以借鉴以下三个原则。

（1）根据短视频的主旨内容和情感基调选择音乐，确定自己想在短视频中营造的氛围以及表达的情绪。如果拍摄的是生活美食类的短视频，可以选择一些轻快活泼或者小清新的音乐来表现生活的愉悦和美食的诱人；如果拍摄的是风景类或者旅行展示类的短视频，则可以选择一些气势恢宏或者节奏感强的音乐，来表现风景的秀美和壮丽；如果拍摄的是创意娱乐类的短视频，则可以选择一些搞怪有趣的音乐来突出内容。

（2）根据短视频的整体节奏选择音乐。短视频的时长通常比较短，叙事作用弱，音乐的功能凸显。很多短视频的节奏和情绪都是由音乐来带动的，因此可以先确定音乐，再根据音乐节奏去拍摄贴合旋律的镜头画面；也可以对拍摄的素材进行粗剪后，再根据所表达的内容需要寻找合适的音乐。画面与音乐节奏匹配度越高，整体律动感就越好，也就越吸引人。

（3）尽量不要让音乐喧宾夺主。除了音乐短视频或者配乐卡点一类的短视频，大部分短视频都是有一定的叙事内容的，因此尽量不要让音乐喧宾夺主，让观众的关注点被迫集中在音乐而非短视频的主要内容上。一般来说，有内容、能叙事的短视频画面最好使用没有歌词的纯音乐或者外语音乐，如果配的音乐过于吸引人的话，观众的注意力容易被音乐带跑而忽略短视频本身的内容。

知识点

优质短视频的三大元素

1. 短视频的画面、封面、标题、文案的质量高。

2. 短视频内容有趣或者有用。

3. 音乐的节奏选择符合视频的内容主旨。

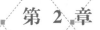

第 2 章

画面拍摄：
短视频如何拍出
"大片感"

　　完成了账号定位和内容策划之后，接下来就到了具体的实际操作阶段——短视频制作。短视频制作总体上可以分为前期策划、中期拍摄以及后期编辑三个阶段。短视频内容给用户的第一印象是否良好，关键在于画面，而中期拍摄正是实质性的内容产出阶段，很大程度上决定了画面质量的高低。随着视听媒体技术的发展，用户对于影像品质的要求越来越高。可以说，一条拥有优质画面的短视频，才能够从众多短视频中脱颖而出。那么，如何才能拍摄出这样的短视频内容呢？本章节将从拍摄设备、拍摄方法、拍摄技巧以及拍摄用光四个方面，教你如何拍出拥有"大片感"的短视频内容。

2.1　四类设备：短视频创作的硬件需求

　　如果说前期策划阶段需要的是"软件"，更大程度上依赖于调研和创意，那么在中期拍摄阶段，"硬件"则是必不可少的"左膀右臂"，合适的设备可以说让短视频创作成功了一半。虽然在绝大多数从业者的观念中，短视频拍摄和传统影视剧拍摄不同，他们认为前者的专业化程度相对较低，但是若想在短视频领域异军突围，制作出"爆款"短视频，从而打造一个成功的账号，设备的选择也十分重要。短视频拍摄常用设备汇总如表2-1所示。

表2-1　短视频拍摄常用设备汇总

拍摄设备	支持设备	录音设备	灯光设备
手机	三脚架	机头麦	LED灯
单反和微单	稳定器	小蜜蜂	镝灯
家用DV	手持云台	无线麦克风	钨丝灯

　　对于普通用户而言，使用手机就能进行短视频内容的拍摄。但随着大量专业视频内容生产者入驻短视频平台，短视频内容的制作水准和要求也越来越高。手机等智能终端具有显著的灵活性和快捷性优势，而在专业影像创作中的短板也非常显著。技术发展不仅降低了拍摄设备的门槛，支持设备、录音设备、灯光设备等原本专业影视创作者才会触及的硬件设备也得到越来越普遍的应用。

● 常用短视频拍摄设备

　　常用的拍摄设备有手机、单反和微单、专业摄像机和家用DV等，它们各有优缺点，如表2-2所示。对于早期短视频创作而言，大部分UGC制作者等非专业用户拍摄短视频使用的设备以手机为主。随着短视频生产日益专业化，手机的拍摄性能是难以支撑起高质量的内容拍摄的。近年来，短视频内容创作者在追求"内容为王""凸显形式"的同时，也开始提升短视频素材的视听语言质量，更多地学习和使用专业拍摄设备。

表2-2　常用拍摄设备的优缺点

	优点	缺点
手机	方便携带，价格实惠，操作难度低	性能一般，夜晚拍摄容易出现噪点
单反和微单	携带相对方便，拍摄画质好，手控操作空间大，可更换外接镜头	价格偏高，有一定使用门槛，操作难度高
专业摄像机	电池容量大，可以长时间使用，拍摄画质清晰，宽容度高	体形大，价格高，操作相对复杂
家用DV	外形小巧，手持使用方便，操作简单，电池容量较大	拍摄画质一般，没有景深，使用场景较单一

一、 手机及外置镜头

市面上大部分手机都配备有视频录制功能，最简单的短视频制作只需要一台手机就可以完成。用手机进行拍摄不但方便、快捷，而且在好的光线下也能拍出不错的画面质感，因此手机是大部分普通用户的首选拍摄设备。但用手机进行拍摄也存在一定的问题：性能一般，画面清晰度通常不高；画面景深不够、没有层次；不借助稳定器等其他设备，容易导致画面模糊和抖动等；而且如果在夜间拍摄，不借助外部光源，则容易导致画面噪点多、画质差等问题。手机与相机相比的优势与劣势如表2-3所示。

表2-3　手机与相机相比的优势与劣势

优势	劣势
携带、使用方便	性能一般、画面清晰度较差
价格相对较低	较难拍摄远距离画面
使用场景多样，更适用于特殊场景的拍摄	画面景深不够、没有层次
适合拍摄快速运镜画面	夜间拍摄噪点多、画质差

手机凭借其小巧且方便携带的特点，在一些特殊的拍摄环境中有着无可比拟的优势，例如"技术流"短视频的拍摄。尤其在拍摄旅游类的短视频时，拍摄场景周围的人很多，手机的优势自然就显现出来了。如今的智能手机不仅会配备标准视角拍摄镜头，还增加了0.5倍广角镜头和2倍或更高倍率的长焦镜头，这使手机拍摄的空间构图能力大大加强。对于专业拍摄者而言，这还远远不够，他们还可以借助手机外置镜头（见图2-1）来增强手机的拍摄能力和拍摄效果。绝大多数类似配件是第三方厂商生产的。简易的配件可能仅仅是一块镜

↑ 图2-1　不同类型的手机外置镜头

片，复杂的配件则是由一组镜片构成的。根据不同焦段，手机外置镜头可以分为微距、广角、长焦、鱼眼镜头等不同类型，它们可以帮助手机拍出更多的视角效果。

1. 手机微距镜头

作用：手机拍摄微小物体时，如果离得太近就很难准确对焦，而微距镜头能够辅助手机拍摄微观画面，保证对焦准确（见图2-2），适用于拍摄微小的物体，例如花蕊、昆虫、露珠等。

↑ 图 2-2 使用手机微距镜头前（左图）后（右图）的效果

缺点：微距拍摄时由于拍摄物体较小且相对距离很近，因此手机有轻微抖动就会导致画面不稳定，造成失焦。

2. 手机广角镜头

作用：广角镜头空间感更强，可以增加手机拍摄画面的宽度和广度，让画面看起来更加壮观，适用于拍摄大型的建筑和自然风光（见图2-3）。

缺点：在拍摄小场景或者进行日常的人物拍摄时，使用广角镜头会导致拍摄范围过大、主体不清晰等问题；并且，劣质手机广角镜头在拍摄时容易让画面产生暗角和畸变。

↑ 图 2-3 使用手机广角镜头前（左图）后（右图）的效果（拍摄：常能嘉）

3. 手机长焦镜头

作用：可以弥补手机镜头变焦倍数不够或者数码变焦后画质变差等缺点，让我们能够拍摄到较远的人物（见图2-4）以及景物，例如月亮、夕阳等自然景观；也能够弥补手机拍摄景深不够的问题，让我们能够拍出接近于单反长焦、大光圈效果的影像。值得一提的是，不少手机在摄影系统中都内置了人像摄影模式或电影模式，可以通过算法对画面景深进行调节。不过对于专业摄影师而言，仍然希望更多地通过光学的方式来实现镜头调节。

缺点：外置的长焦镜头通常没有物理防抖功能，因此在拍摄的过程中如果不借助支持设备，则很容易将画面拍虚。

↑ 图 2-4　使用手机长焦镜头前（左图）后（右图）的效果（拍摄：郑紫宸）

4. 手机鱼眼镜头

作用：顾名思义，鱼眼镜头可以拍摄出近似"鱼眼"般特殊效果的画面（见图 2-5），拍摄范围比广角镜头更宽广，同时会产生比广角镜头更大程度的画面畸变，能够产生强烈的视觉冲击。一般情况下，鱼眼镜头仅应用在具有特殊视角追求的创意视频中。

↑ 图 2-5　使用手机鱼眼镜头拍摄效果

缺点：鱼眼镜头拍摄画面的畸变较为夸张，通常不适用于普通视频的日常拍摄，因此使用频率相对较低。

二、 单反相机和微单相机

虽说对于大量短视频平台的内容生产者而言，手机已经基本能满足拍摄的需求，但专业短视频内容生产者仍然倾向于使用更专业化的相机进行创作。相比于手机，相机的感光度、宽容度、饱和度更高，可以适应各种环境条件下的拍摄并能保持画面的高清晰度。主流的相机还可以外接各种录音设备，能够录制到符合行业标准、清晰、无压缩的声音文件。

应用于短视频拍摄的两类相机主要是指数字时代的单反相机和微单相机（见图 2-6）。两类设备从名称上看仅有一字之差，从外形上看也只有机身尺寸的差别，实际上却有着完全不同的取景方式。单反，是单镜头反光照相机（Single Lens Reflex Camera，SLR）的中文简称，延续了传统胶片单镜头反光照相机反光板、五棱镜和光学取景器的结构。微单，是无反光镜照相机（Mirrorless Camera）的中文简称，往往具有紧凑的机身，同样可以更换不同的镜头。全画幅单反相机和微单相机具有媲美数字摄影机的画质，且具有携带方便、兼容性强等优势，已经广泛应用于广播级和广告级摄制团队。近年来，短视频运营团队越来越多地使用单反和微单进行创作，进一步提高了短视频作品的画面品质。当然，这也得益于手机、平板电脑等移动智能设备屏幕尺寸的扩大和屏幕清晰度和分辨率的提升。当终端设备可以显示2K、4K画质时，前端拍摄设备能力的提升也不会停滞。

↑ 图2-6 佳能单反相机和索尼微单相机

1. 使用相机拍摄短视频的优势和劣势

（1）优势

相机画质高，成像效果好。可以控制画面的景深，使用长焦镜头可以拍摄浅景深画面；宽容度高，可以通过ISO感光度和曝光调节过亮或者过暗的画面，夜间拍摄噪点相对较少。

相机镜头可拆卸调换，有大光圈、广角、长焦、微距等多种焦段的镜头可供外接使用；能够适应各类场景的拍摄，呈现不同视觉效果。

相机有自动、手动、曝光锁定等模式可供调节，能够匹配不同的使用需求和使用场景；光圈、快门速度、ISO感光度等各参数的调节可以手动设置，操作专业化程度高。

（2）劣势

相机操作的专业化程度高，想要达到理想的拍摄效果基本上都需要手动调节参数；操作相对复杂，对初入门者来说具有一定的专业门槛。

相机体形较大，机身重，如果单纯手持则难以保持拍摄的稳定性，需要使用三脚架或者外接的稳定器来进行拍摄，便携性较低。

普通的单反对于拍摄平面照片更为适用，拍摄视频则会有时间的限制：拍摄到一定长度便会自动中断，无法进行长时间的连续录制；并且如果拍摄时间过长，也容易产生机身过热的情况。

单反和微单录制声音效果差，通常需要外接收音设备来进行声音录制。

2. 单反和微单推荐

单反和微单都属于数码相机的范畴，只是两者的工作原理有些许差别，在这里我们统一介绍。数码相机和智能手机不同，智能手机的价格基本处于千元级价位，并且随着智能手机成像技术的发展，一些比较便宜的智能手机也能够实现很好的拍摄效果；而单反、微单这一类数码相机整体的售价都要高于手机，市场价格从几千元到上万元甚至更高不等。短视频创作者可以根据自己的拍摄需求和预算，选择合适的相机品牌和型号。以下是市面上不同品牌的优质单反、微单推荐。

（1）尼康D850——画质超高全画幅单反

尼康D850（见图2-7）适用于图片拍摄以及视频拍摄，是一款兼具多功能和高性能的全幅单反相机，支持4K录制。感光度高达ISO 25600，并且还可以扩展至ISO 32～ISO 102400，低感光度也能保证优质画质。并且，尼康D850机身设有用于外接麦克风的端口和用于连接耳机的端口，非常适合进行高质量摄像。

有效像素：4575万

视频拍摄：4K，30p

传感器：全画幅

连拍速度：7张/秒

屏幕类型：3.2英寸触控翻转屏

ISO范围：64～25600

对焦系统：153点相位/反差

机身重量：915g

机身尺寸：146mm×124mm×78.5mm

↑ 图2-7　尼康D850

（2）佳能EOS 5D Mark IV——值得入手的准专业级单反

佳能EOS 5D Mark IV（见图2-8）使用全画幅传感器，在像素、高感和宽容度上都表现得非常出色，画面质量好；采用全像素双核CMOS AF对焦系统，对焦精准度高，拍摄视频时也能够快速跟焦；从性能和性价比看，都是值得入手的准专业级单反。

有效像素：3040万

视频拍摄：4K，30p

传感器：全画幅

连拍速度：7张/秒

快门速度：1/8000至30秒

屏幕类型：3.2英寸液晶屏

ISO范围：100～32000

对焦点数：61点（最多41个十字型对焦点）

机身重量：800g

机身尺寸：150.7mm×116.4mm×75.9mm

↑ 图2-8　佳能EOS 5D Mark IV

（3）索尼Alpha 7 III——性价比超高的微单

索尼的这款微单相机（见图2-9）可直接内录4K HDR视频，拥有的高感光度能够使其在高亮度的环境下保持丰富的色彩层次，在弱光环境下能够有效地减少画面噪点，获得更加纯净的画面；同时还内置了S-Log2和S-Log3，可以提高视频的宽容度并留出后期的调色空间；无论拍摄照片还是录制视频，都有强大的实力，性价比比较高。

有效像素：2420万

视频拍摄：4K，30p

传感器：Exmor R CMOS背照式影像传感器

连拍速度：10张/秒

屏幕类型：3.0英寸液晶屏

ISO范围：100～51200

对焦点数：425点

机身重量：565g

机身尺寸：126.9mm×95.6mm×62.7mm

↑ 图2-9　索尼α7Ⅲ

三、家用DV

DV是数码摄像机（Digital Video）的英文首字母缩写，这类摄像设备产生于20世纪末的家用微型摄像机时代。如今，DV的存储介质已经由数字磁带变成了存储卡，清晰度也由标清提升到了高清、2K、4K，其应用场景也得到了相应拓展。如今的DV往往具有高度集成的一体机特点，也具有视频拍摄的明确定位，在短视频拍摄中同样具有一定的竞争力。单反和微单的持握方式更适合拍照，拍视频如果手持则容易导致画面抖动。相比较而言，家用DV的持握方式更适合视频的拍摄。并且家用DV的体形通常较为小巧、便携，拍摄一些旅游类的视频或Vlog非常方便。尤其是旅游类的短视频，一般来说拍摄的素材量会非常大，而家用DV的内部储存空间大，并且可以用储存卡拓展储存空间，支持长时间的视频录制。

随着手机的普及，家用DV的使用人群越来越少，但是其在纪实影像拍摄中仍然占有一席之地。首先，相对于手机来说，家用DV的变焦能力更强。手机的自动变焦速度是比较慢的，如果拍摄快速运动的物体或者活动中的人像则很容易将焦点对不准导致虚焦。其次，家用DV拍摄的自动化程度比手机更高。虽然说手机也可以自动曝光、自动对焦，但还是需要进行一些曝光补偿等参数的设置。家用DV基本上可以直接拍摄，对于新手入门来说非常友好。最后，家用DV体形小巧、携带便捷。虽说手机相比家用DV更小巧，但是手机不止是用来实现拍摄功能的，在拍摄过程中，其可能会接收到信息或接收到电话，一定程度上会影响到视频的拍摄，而家用DV就不会存在类似的问题。并且，家用DV的电池储存空间也更大，更耐用。

但总的来说，家用DV目前还是处于一个被逐步边缘化的地位。同时，Go Pro运动相机和Pocket口袋相机等数字一体化拍摄设备出现并兴起，在家用DV逐步被边缘化的过程中异军突起。GoPro运动相机主要在冲浪、滑雪、跑步等运动中使用。它小巧轻便、防水且便于固定，还能够在运动状态中保持良好的稳定性。Pocket口袋相机同样便携，不同的是，它更适宜手持拍摄。它既有手机拍摄的便携性灵巧性，同时也具有手机所达不到的拍摄稳定性，因此成为很多短视频创作者和Vlog爱好者的必备拍摄设备。

家用DV推荐

（1）索尼FDR-AX700高清数码摄像机（见图2-10）

推荐理由：

小巧精致，携带方便，能够拍摄4K的高清画面；

操作简单，不需要像相机一样调整各种参数，新手能够快速入门；

↑ 图2-10 索尼FDR-AX700高清数码摄像机

能够实现快速、精准的自动对焦，非常适合对日常生活的拍摄记录。

（2）GoPro HERO10 Black（见图2-11）

推荐理由：

4K超清，无论是拍摄Vlog还是照片都能达到优质的画面效果；

防水、防抖，在运动摄影和水下摄影中都有很好的表现；

↑ 图2-11 GoPro HERO10 Black

体积小，便于携带和固定，多种条件下都可以拍摄，支持TimeWarp移动延时3.0技术，拍摄效果出色，适合滑板、游泳等动态内容的视频拍摄。

（3）大疆DJI Pocket 2（见图2-12）

推荐理由：

小巧精致、重量轻、携带便捷，和手机一样操作简单易上手；

拍摄画质清晰、防抖效果好；

↑ 图2-12 大疆DJI Pocket 2

适用于户外拍摄，尤其是一些不适宜用手机拍摄的场景，例如日常出游拍摄Vlog。

知识点

短视频录制设备怎么选

1. 入门及初学阶段设备参考：手机搭配外接镜头以及八爪鱼三脚架、大疆DJI Pocket 2。

2. 进阶及专业阶段设备参考：尼康D850、佳能5D Mark IV、索尼α 7 III及稳定器或三脚架、GoPro HERO10 Black。

● 常用短视频支持设备

手持拍摄容易导致设备不稳，造成视频画面的抖动。这时候我们就可以借助外部的支持设备，即稳定器来保证视频画面的稳定性。使用稳定器除了能保证静止镜头下固定画面的稳定之外，还可以在拍摄推拉摇移等运动镜头时同样保证稳定性。

稳定器主要分为手机稳定器、单反和微单稳定器、运动相机稳定器等，下面给大家介绍市面上主要的稳定器类型。

一、 手机稳定器（手持云台）

手机稳定器是专门用于适配手机拍摄的，一般为手持操作，有便于携带、使用灵活等优势。市面上有很多不同的手机稳定器，价格也从几百元到上千元不等。使用手机稳定器进行拍摄，主要需要和相应厂家开发的App进行连接，比如人脸跟踪、全景拍摄、跟随拍摄、延时摄影等功能都需要通过连接App才能实现。厂家的整体实力很重要，因此在购买的时候尽量选择比较知名的大品牌，比如魔爪、大疆、智云等。

1. 魔爪Mini-SE（见图2-13）

魔爪的这款手机云台横竖拍摄切换方便，无论是拍摄横屏还是竖屏的视频都非常适用；防抖效果好，操作简单，适合刚入门的拍摄者使用；电池容量较大，续航时间较长，能够支持较长时间的户外拍摄。总的来说，这款手机云台价格相对便宜，性价比还是很高的。

↑ 图2-13 魔爪Mini-SE

2. 大疆OM5（见图2-14）

首先，大疆是市面上用户保有量很大的品牌，产品质量具有一定保障，并且相应的软件开发也比较齐全。其次，磁吸式的云台设计，无论是安装还是拆卸都很方便。最后，除了基本的功能之外，大疆这款手持云台还有智能跟随模式，支持快速对焦，供短视频创作者使用的空间更大。

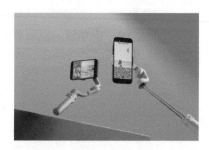

↑ 图2-14 大疆OM5

3. 智云SMOOTH-Q3（见图2-15）

智云的这款设备令人惊喜的一点是自带补光灯，这款补光灯自带三个亮度档位，而且能180°旋转；延续了经典的三轴结构，拍摄画面稳定性强；搭配智云App，还能使用各种运镜和剪辑的模版；自带三脚架，操作简单、便捷。

↑ 图2-15 智云SMOOTH-Q3

二、 单反和微单稳定器

和手机稳定器一样，单反和微单稳定器也是能够保证视频拍摄稳定性的外部设备，但它们一个作用于手机，一个作用于相机。和手机稳定器的选择方式不同，选择单反和微单稳定器时首先要考虑它的承载能力，以保证相机能被牢固卡住，不会在拍摄过程中掉落；其次要选择主流的大品牌，保证售前售后的服务保障。目前主要推荐以下三款主流品牌的单反和微单稳定器，如表2-4所示。

表2-4 三款单反和微单稳定器及其参数

品牌	型号	适用设备	云台类型	产品净重	电池容量	续航时间
大疆	DJI RSC 2	单反/微单	三轴	1.2kg	3400mAh	14h
智云	云鹤2S	单反/微单	三轴	1.9kg	2600mAh	12h
魔爪	AirCross3	单反/微单	三轴	1.1kg	3000mAh	12h

1. 大疆 DJI RSC 2（见图2-16）

大疆DJI RSC2采用的是可折叠设计，可以在手持、倒挂、手提、手电筒、竖拍和收纳等六种形态之间自由切换，携带便捷，适用于多种不同场景的拍摄；自重1.2kg，载重3kg，重量轻，承载能力强，可以让拍摄者在设备和镜头上有更多选择。

【主要功能】

自带LOED调参屏

自带稳定增强算法

支持无线图传

支持智能跟随

支持3D跟焦系统

支持一键切换横竖拍

支持双层快装板

支持延时摄影

支持360°旋转（可拍摄旋转画面）

↑ 图2-16 大疆 DJI RSC 2

2. 智云云鹤2S（见图2-17）

升级快拆系统3.0，能够快速地更换拍摄设备；不需要额外配件，可进行横竖视频的切换拍摄；电子跟焦稳定、延时短；机身和底部配有三个通用接口，拓展使用空间更大；手柄是碳纤维材质，手感舒适。

↑ 图2-17 智云云鹤2S

【主要功能】

大承重，可搭载大型专业相机和镜头组合

不需要额外配件，横竖拍轻松切换

碳纤维手柄，坚固防划耐磨

搭载0.96英寸OLED屏幕，方便快速调参

"大师"模式支持全域POV、三维梦境、"疯狗"模式拍摄

支持巨幕摄影、定时延时、移动延时、长曝光动态延时拍摄

支持电子跟焦（部分机型）

支持图传功能

3．魔爪AirCross3（见图2-18）

机身整体相对较轻，方便携带；能够适配索尼、松下、富士、尼康、佳能的多个热门型号相机；自带OLED屏幕，参数调节方便；防抖性能强。

【主要功能】

自带LED调参屏

3.2kg载重，满足微单及大部分单反搭载

支持三轴锁定

支持三轴360°无限位

支持自动旋转

支持智能双跟焦

支持体感控制

支持延时摄影、轨迹录制、巨像摄影、目标追踪等功能

↑　图2-18　魔爪AirCross3

三、 运动相机稳定器

新手手持运动相机拍出来的画面总是不够自然流畅。要想拍出和视频博主一样稳定的视频画面，外部的设备是必不可少的。和手机稳定器或单反和微单稳定器类似，运动相机也有专用的稳定器。下面推荐两款市面上比较常见的运动相机稳定器。

1．浩瀚iSteady X Pro 4（见图2-19）

适配市面上各大主流的运动相机；三段式快装架设计，安装便捷；一键式操作使用方便，可切换多种工作模式；延展性好，设备底部、腰部均有标准的拓展接口，可加装麦克风、补光灯等多种配件；机身设计防泼水；电池容量大，续航时间为12小时；机身可以为运动相机反向充电，实现边拍边充。

↑　图2-19　浩瀚iSteady X Pro 4

2. 飞宇G6稳定器（见图2-20）

全金属机身，防泼水设计，手感细腻，持握舒适；电池容量大，续航时间长，可以为运动相机反向充电，实现边拍边充；支持Wi-Fi和蓝牙两种连接方式，能够快速连接相机；电机扭矩增大，能更加平稳、高效地拍出拥有稳定画质的视频。

↑ 图2-20　飞宇G6稳定器

补充知识： 为什么运动相机也需要稳定器

1. 通过物理防抖，保证画面稳定

运动相机采取电子防抖，稳定性非常好，但是运动相机如果想在拍摄过程中保持稳定是会损失一定的画面的，也就是通过裁切一定比例的画面来保证画面的稳定性。尤其是运动相机里的线性画面，本身视角不大，再裁切一部分就会对拍摄画面产生一定的影响，因此只有通过物理防抖才能在最大限度地保留画面的同时保证画面的稳定性。有的运动相机比较特殊，比如Action的HDR模式和GoPro的高帧率拍摄模式，是不能打开增强防抖功能的。因此这种情况下，只能靠运动相机稳定器来保证画面的稳定性。

2. 拍摄特殊运镜，让画面更有创意

我们借助运动相机稳定器能够拍摄一些特殊的运镜，比如说一些大范围延时拍摄的镜头及360°旋转拍摄的镜头。除了这些特殊的运镜，稳定器还能让我们在拍摄基础的运镜时更加顺滑、稳定，尤其是在拍摄低角度或者高角度的镜头时，相比手持，使用稳定器会更加自如。

3. 可给运动相机充电，增加续航能力

运动相机本身小巧、便携，电池体积也比较小，因此续航能力相对较差，而一些运动相机稳定器可以在拍摄的同时给相机充电，能在一定程度上增强运动相机的续航能力。

知识点

如何挑选一款合适的稳定器

1. 确定适用机型。在挑选稳定器之前，先确定使用的机器是手机、单反/微单还是运动相机。挑选对应稳定器时，还需要考虑适配机型，根据自己拍摄设备的型号进行选择。

2. 明确适用场景。先明确稳定器的使用场景和用途，确定最主要的需求是轻便性、操作性还是续航时间等，再根据这些需求去进行选择。

3. 明确购买预算。在预算充足的情况下，首选肯定是主流品牌的稳定器；但如果预算有限，则要根据拍摄器材的机型、所需要的功能以及自己的能力，挑选性价比更高的稳定器。

● 常用短视频录音设备

声音是一条短视频最重要的组成部分之一，因此收音是短视频拍摄至关重要的一个环节。但是，很多创作者往往会忽视声音的作用，直接用手机或者仅靠拍摄设备的内置麦克风收音。这样的收音方式会面临没办法远距离收音或者录制的声音有较大杂音等问题。要想制作出真正优质的短视频内容，配备外置的录音设备非常重要。短视频制作常用录音设备有以下几种。

一、 拍摄设备自录音频

很多常用的可以拍摄视频的设备如手机、单反等，都是可以使用内置的麦克风收音的，但这样的收音方式有较大的局限性：一是收音距离有限制，没办法远距离收音，当设备与拍摄主体距离较远的时候，声音就难以录制；二是录制效果差，有较大杂音。内置麦克风不是指向型麦克风，除了录制拍摄主体的声音之外，对周围的杂音也会同时收录。因此，如果在安静的室内拍摄，内置麦克风还可以勉强收录声音，但如果在嘈杂的室外拍摄，内置麦克风则很难对声音进行准确收录。

二、 小蜜蜂

小蜜蜂（见图2-21）是一种比较常用的外接的收音设备，在大部分的影视器材店都可以租到。领夹麦克风可以很方便地直接佩戴在拍摄对象的身上，录制效果比手机要好很多，在室外的环境下也可以进行收音；录制音量大，杂音也相对较少。但是，小蜜蜂是指向性收音，只能录制带着麦克风的拍摄对象的声音，如果拍摄对象很多的话可能需要很多的小蜜蜂；并且小蜜蜂需要被拍摄对象佩戴在身上，从画面上看会有些影响美观；同时，小蜜蜂无法充电，需要安装电池，且耗电量大，续航时间不长，拍摄时很难及时进行更换。

↑ 图2-21　小蜜蜂

优点：可室外录制，可以远距离收音，音量大、杂音小，携带便捷。

缺点：需要被拍摄对象时刻佩戴在身上才能收音；发射端和接收端需要同时打开，忘记开哪一端声音都无法录制；通过电池蓄电，需要及时更换。

三、 无线麦克风

随着5G以及智能手机的发展，手机的网速越来越快，像素也越来越高，很多用户会选择直接使用手机进行短视频的拍摄，但是尽管手机拍摄的画面没有问题，但用其录制声音的难题又出现了。大部分手机是没有办法进行远距离收音的，再加上如果使用手机拍摄短剧、Vlog或者别的一些对声音要求高的视频内容，就需要借助外部的收音设备。

手机录音最常用的就是无线麦克风,接下来给大家介绍市面上比较常见的几款手机无线麦克风。

1. 麦拉达 VLOGGO3U 无线麦克风（见图2-22）

这款麦克风专为手机设计,价格较低;体形小巧,携带方便;不需要转接头,可一键降噪;传输距离为30米,内置可充电锂电池,续航时间长。

↑ 图2-22 麦拉达VLOGGO3U无线麦克风

2. 罗德 Wireless go II（见图2-23）

和前一款麦拉达不同,罗德的这款Wireless go II可以兼容相机、手机、平板电脑和各类计算机等多种设备;双声道录音,无线连接距离可达70米,传输稳定性强;内置可充电锂电池,续航时间为7小时;体积小,携带方便。

↑ 图2-23 罗德Wireless go II无线麦克风

3. 猛玛 Lark 150（见图2-24）

猛玛Lark 150无线麦克风17小时超长续航,支持自动配对连接,无线连接距离可达100米;有一个传输器,两个发射器,可以同时收录两个人的声音;另外,DSP智能过滤环境噪声,能够真实记录原声,便于后期剪辑调音。

↑ 图2-24 猛玛Lark 150无线麦克风

四、 便携式手持数码录音机（Zoom H8）（见图2-25）

这是一种相对专业又便携的录音设备,很多短视频创作者在拍摄视频时通常会选择用这一类录音机来收音。这种手持数码录音机价格相对亲民,而且和小蜜蜂的指向性收音不同,这种录音机一般支持多路音频记录,录制时不会产生电流声,适合多种拍摄场景下的声音录制。

优点:携带便捷,可外接四种麦克风,适合更多场景的录音需求。

↑ 图 2-25 便携式手持数码录音机（Zoom H8）

缺点：相较于普通录音设备而言，操作相对复杂，并且需要外置各种设备才能达到最佳的录制效果；在使用上有一定的门槛，普通用户直接使用该录音机录制声音性价比较低。

知识点

如何选择录音设备

1. 根据拍摄场景选择。如果是在室外拍摄，可选择小蜜蜂、罗德 Wireless go II 无线麦克风等可以直接别在身上的指向型收音设备，它们便于携带，并且可以清晰地录制人声。如果是在室内安静环境下拍摄，除了前面说的收音设备之外，相机机头麦和手机也可以用于声音录制。如果是专业录制则可以选择数码录音机、麦克风等设备。

2. 根据拍摄内容选择。如果拍摄内容以人物对话为主，小蜜蜂、猛犸 Lark 150 这些无线领夹式的录音设备较为常用。如果拍摄大场景，需要收录各种环境音和人声，则建议选择录音机、录音台或挑杆式的麦克风来进行收音。

● 常用短视频灯光设备

和传统影视剧的拍摄流程不一样，灯光对于大部分短视频创作者来说不是必须使用的，但是如果想拍出"大片感"的短视频内容，灯光是必不可少的设备之一。如果能正确利用灯光，则可以大幅度提升短视频的画面质量，为短视频内容锦上添花。

一、 常用灯光设备

短视频拍摄和影视剧拍摄不同。影视剧的拍摄场面相对较大，需要多盏亮度高、照射范围大的灯才能够达成布光效果，成本也就非常高。短视频的拍摄和制作难度较低，所以一般来说不需要那么多大型的灯光。接下来主要介绍几款性价比比较高的，适用于短视频拍摄的灯光设备。

1. Led 平板灯

Led 平板灯的体积大、亮度高，适用的范围和场景广，搭配辅助影视灯光器材能够营造出多种不同的拍摄氛围。优质的 Led 平板灯有很高的显色指数，能够最大限度地还原拍摄主体本身的色彩；有的还可以一键切换冷暖模式，色温和亮度都可以自由调节。

爱图仕 Nova P300c（见图 2-26）

这款灯裸灯照度高，可达 9400lx；灯珠排布方式合理，单位面积亮度大，光源面积大；面板使用透光率更高的柔光面感，光分布更均匀，且可以避免出现边缘暗角等问题；色温选择范围为2000～10000K，调节度精准，可以满足各种环境下的灯光拍摄需求。

↑ 图 2-26　爱图仕 Nova P300c

2. RGB补光灯（见图2-27）

补光灯最为常用的还是白光，为了满足常用白光和偶用彩光的需求，RGB补光灯兼备RGB+CCT双重模式，也就是除了彩光之外，还具有常用的冷光、暖光、白光的色温可调功能。色彩丰富的RGB补光灯适用于各类有创意的短视频拍摄环境。

↑ 图2-27　RGB补光灯

RGB补光灯可以调节光线冷暖，还有RGB功能，在红、绿、蓝、紫四种色调上都可以进行调整补偿；在同体积便携灯当中，亮度较高；体积小，可手持，布光方便；支持App操作，支持独立编程，可操作空间更大。

3. 棒灯（见图2-28）

棒灯就是棒子形状的Led补光灯，由灯组和控制模块两部分组成。相比普通的补光灯，棒灯的体形小巧，便于携带，使用范围和场景更加广泛；单位面积亮度高，色温和亮度都可以调节。其缺点是光照面积较小，只能用作局部补光。

永诺YN660（见图2-29）

这款棒灯使用方便、好上手；灯效较全、功率够高；握把设计合理，方便携带外出使用；无线操控体验好，可以联动其他永诺灯光。

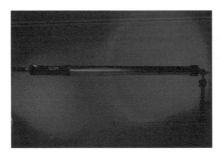

↑ 图2-28　RGB棒灯打光效果

↑ 图2-29　永诺YN660

4. 环形补光灯（见图2-30）

环形补光灯由于光照面积较大，光线柔和，适合近距离自拍或直播，因此环形补光灯在拍摄Vlog或者自拍类的个人短视频时较为适用。只要将其放在人物面前，就能给人物脸部充足、均匀的灯光照射，上手快、使用简单。

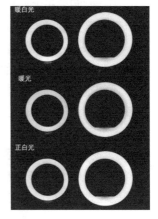

↑ 图2-30　环形补光灯

金贝LR-360C环形补光灯（见图2-31）

亮度高，拥有三级可调节色温，显色度高；可180°调节布光角度这款环形补光灯，光照面积大；重量轻，散热快，使用时间较持久。

↑ 图 2-31 金贝 LR-360C 环形补光灯

二、 挑选灯光设备的基本原则

或许很多短视频创作者会有这样的疑问：为什么自己的短视频画面质感和网上热门的短视频博主的不一样：明明自己也用了一样的设备，为什么效果却差那么多？很多情况下，这就是用了灯光和不用灯光的区别。那么，市面上的灯光设备种类那么多，该如何进行挑选呢？灯光的使用和拍摄的内容场景等息息相关，没有固定统一的标准。本书主要总结了以下三点原则，供创作者在选择灯光时作为参考。

1. 明确使用目的和场景

短视频拍摄的目的和场景不同，适用的灯光设备也是不同的。如果是近距离拍摄人像或者直播打光，建议选择环形补光灯，其光照面积较大，光线柔和。如果是在室外场景进行拍摄，比如在人来人往的街道上拍摄，这时候架大的柔光箱肯定是不现实的，可以选择使用手持棒灯或者小型的RGB补光灯。如果在室内进行拍摄，灯光选择的余地则更大一些，短视频创作者可以根据预算以及拍摄的内容，选择使用长方形柔光箱LED灯、球形LED灯或者专业的影视暖光灯。

2. 明确灯光的显色指数（CRI）

国际照明委员会对显色性的定义是，与标准的参考光源相比较，一个光源对物体颜色外貌所产生的效果。简单理解，显色指数指的是人在自然环境中看到物体的颜色的参数。一般来说，灯光设备显色指数越接近100，说明该光源的显色性越好，画面的颜色越接近其原本的颜色。因此在挑选灯光设备的时候，同等条件下应尽量选择显色指数高的。不过通常情况下，显色指数越高、显色性越好的灯光设备价格也就越贵。对于初次使用或者入门的创作者来说，显色指数高于90或95即可。光源的显色性分类如表2-5所示。

3. 明确灯光的照射距离

亮度是Led灯非常重要的价格参数，一般来说，灯珠数量较多、功率越大，灯的亮度也就越大，价格自然也相对越贵。如果拍摄视频过程中需要对远距离拍摄的场景打光，

表2-5　光源的显色性分类

一般显色指数（Ra）	质量分类
75～100	优
50～75	良
50以下	劣

那么则需要使用亮度更高、照度更大的灯光设备。如果都是拍摄近距离的场景，则可以调整灯光的亮度或者使用亮度较小的灯具。

除此之外，在灯光设备的选择上也需要考虑灯光设备实际的耗电量、供电方式以及价格等因素。

知识点

日常短视频拍摄如何用光

不同于影视剧拍摄，日常短视频拍摄布光基本上以"主光+辅光+补光"就可以完成基本的补光。主光通常选择显色指数高，并且可调节亮度的Led灯，辅光可以选择亮度小的Led或者棒灯，补光则可以选择环形补光灯、棒灯或RGB补光灯。RGB补光灯也可以用作氛围灯，以打造不同的光线效果。

2.2　三大方法，让你的画面更好看

用户在观看一条短视频时，通过映入眼帘的第一幕就能分辨其画面质量。专业视听内容生产者对于画面质量已经掌握了非常成熟和规范的技能，涵盖摄影技术、画面构图、光线色彩等。掌握这些技能往往需要一到两年的专业学习过程，以及更长时间的上手训练。对于短视频生产者和生产团队而言，掌握一定的方法和技巧，就能在较短的时间内让画面专业度显著提升。本书在前文中曾提及，一条短视频的完播率、点赞率和评论率等基本上决定了这条视频能否进入下一个流量池，获得更大的曝光量。而优质的画面在第一时间就能使短视频吸引到用户眼球，而不是被直接划走，这也在一定程度上使短视频获得更大的曝光量。如何才能拍出优质的短视频画面？接下来，本节将从拍摄构图、拍摄角度以及拍摄场景等方面进行分析。

● 横屏与竖屏，选择巧妙的构图技巧

传统视频的拍摄通常使用横屏的16:9的画幅，由于短视频社交化、碎片化等特征，用户更多会选择在手机等移动端观看其内容，因此竖屏9:16的画幅被更多的短视频社交平台所青睐。然而，并非所有的竖画幅都优于横画幅，需要根据实际的拍摄内容而定。

2000年之前，中国传媒大学的电视摄影专业曾要求学生在专业训练中对所有静态和动态画面都采用横幅构图拍摄，包括更适合竖幅构图的肖像照片，实际上就是为了适应电视和电影画面4:3和16:9的横幅画框。如今，这样的"专业规范"已经不复存在了，人们会去适应更多元的画框表现形式。

并且，在众多短视频平台上，横幅的短视频也产出了大量的"爆款"内容。因此，是选择横屏还是竖屏画幅，创作者们可以根据拍摄内容自行决定。但是，横幅和竖幅有不同的构图方式，这里分别进行介绍。

一、 横屏主要构图方式

1. 黄金分割构图/三分法构图

黄金分割构图，即三分法构图，是横幅构图里最常用的一种构图方式，无论你用的是4:3、16:9还是3:2的画框，是静态还是动态画面，这种构图方法都同样适用。三分法构图即用两根垂直线平均地将画面分成三等份，拍摄时把主体放在靠左或靠右的垂直线位置（见图2-32、图2-33）。创作者在进行短视频拍摄的时候，需要尽量遵循三分法构图，不宜将拍摄主体放在画面正中心或者太过边缘的位置，而应将其放在黄金分割点的位置。人的视觉重心通常会不自觉地落在画面的黄金分割点，这种拍摄方法能有效突出主体，同时让整个画面看起来更舒服。

↑ 图2-32 三分法构图示例图1（拍摄：张小飞）　　↑ 图2-33 三分法构图示例图2（拍摄：张小飞）

【拍摄要点】

保证画面干净，有重点地突出拍摄主体。

将拍摄主体的关键部位放在三分线或黄金分割点上。

在拍摄某些特定场景时，如若单个拍摄主体放在三分线或黄金分割点处会产生画面失衡，可以在和这个点处于同一对角线上的另一个点上多安排一个拍摄体，让画面得到很好的平衡。

2. 对角线构图/S形构图

对角线构图和S形构图也是经典的构图方式。对角线构图主要用于表现画面主体的空间感，利用靠近矩形画框对角线的画面元素特征形成视觉中心，如图2-34所示。这种构图活泼、轻快，有一定韵律感，并且能很好地表现画面的空间和深度。S形构图的运用相对而言没有那么广泛，主要在特定角度拍摄那些本身具有S形特征或对角线走向的事物时使用，例如小河、沙丘、山峦、海岸线等，如图2-35所示。

↑ 图2-34 对角线构图示例图（拍摄：陈慕真）　↑ 图2-35 S形构图示例图（拍摄：陈慕真）

【拍摄要点】

场景越简单越好，避开周围杂物，保持画面的干净整洁。

尽量站在高处往下拍，俯拍比平拍更加美观。

S形构图的画面中，曲线至少应有两个拐角，只有一个拐角不太符合S形构图的要求。

拍摄时可以打开九宫格，保持画面的水平。

3. 三角形构图

三角形构图也是常用的构图方式之一，在拍摄建筑或街头场景时比较常用，在纪实类拍摄画面中也可通过人和物的位置关系构成空间上的三角形关系。其以三点成面的方式来安排构图，形成一个稳定的三角形，如图2-36和图2-37所示。但是，不同摆放位置的三角形构图会形成不同的视觉感受。正放的三角形会给人以稳固、沉稳的感觉；倒放的三角形则给人相反的感受；斜面放置的三角形则会给人以冲击、前进的动态感受。

↑ 图2-36 三角形构图示例图1（拍摄：郑紫宸）　↑ 图2-37 三角形构图示例图2（拍摄：常能嘉）

【拍摄要点】

确保画面中呈现的主体可以放置在三角形中或者本身具备三角形状。除了正三角，还可以是斜三角、倒三角或者不规则的三角形状。

适用拍摄场景：建筑、人像、商场陈列。

最好有一个三角形的顶点与画面九宫格的交点重合。

4. 框架式构图

框架式构图指的是有意识地利用框架的形状，可以是门框、自然形成的框架或者是借助一些小道具，将拍摄主体放在框架内（见图2-38、图2-39）。这种构图方式能够使观众的视线自然而然地聚焦在框架内，起到突出主体的作用。在影视剧当中，我们经常能看到框架式构图的使用。现如今的短视频创作中，由于更多短视频内容创作者的加入，框架式构图也更多地被应用起来。

↑ 视频范例2-1　框架式构图（拍摄：陈延企）

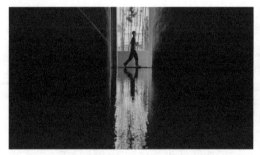

↑ 图2-38　框架式构图示例图1（拍摄：张小飞）

↑ 图2-39　框架式构图示例图2（拍摄：张小飞）

【拍摄要点】

尽量避开杂乱的背景，让画面简洁、干净。

框架的前景部分应虚化，突出拍摄的主体，同时增加画面的纵深感。

框架式构图比较适用于风景、建筑、人像等内容的拍摄。

5. 对称式构图

对称式构图指的是按照一定的轴线，使拍摄的画面主体形成轴对称或者中心对称（见图2-40、图2-41）。这种构图方式在虚构类剧情短视频的拍摄中比较常见，导演和摄影师常常在自然或人工场景下寻找能够形成对称式构图的画面，从而形成较为鲜明的叙事感。例如电影《2001太空漫游》《月升王国》就将对称式构图的风格贯穿全片。在传统媒体和新媒体中，如果拍摄的对象没有形成对称的形状，也可以借助水或镜子等制造镜面效果。

↑ 视频范例2-2　对称式构图（拍摄：常能嘉）

↑ 图2-40 对称式构图示例图1（拍摄：常能嘉）　　　　↑ 图2-41 对称式构图示例图2（拍摄：常能嘉）

【拍摄要点】

拍摄主体本身可以构成对称，或者可以借助其他物体来帮助形成对称的形状。

拍摄时要站在画面的中心线上，避免拍摄时偏移。

除了拍摄主体本身是对称的之外，还可以借助某些元素帮助其呈现出对称的状态，这些元素可以是光影、形状或颜色等。

二、 竖屏主要构图方式

竖屏构图是近几年流行起来的，它是一种适用于在手机、平板电脑等移动端观看视频的画幅呈现方式。对于大多数情境而言，S形、对角线等经典构图方式依然适用于竖屏拍摄。在较长的一段时间内，竖屏暂时没有像横屏一样形成完备的构图方式。然而由于9:16画幅显著的纵向空间特征，竖屏构图逐渐形成了自身更为明晰的构图规律。在竖屏拍摄模式下，横向视野变小，纵向视野变大，在构图时就不能像横画幅一样从横向进行分割，而是要注重纵向空间的内容分布；在拍摄场景的选择和布置上，也应尽量选择纵向分布结构的场景，突出纵深感。根据优秀竖屏作品的创作经验，这里主要总结出了以下几个竖屏构图技巧。

1. 将主体置于画面中心，突出拍摄重点

横屏构图中提到黄金构图法，拍摄主体应放置于画面靠左或靠右的位置，而不宜放在画面中心。而竖屏由于其横窄竖宽的特点，如果依然沿用传统横屏的构图方式，则容易导致拍摄对象过小，拍摄主体不明确等问题，所以如果使用竖屏拍摄短视频，最好将主体置于画面中心，以突出拍摄重点（见图2-42、图2-43）。

↑ 图2-42 将主体置于画面中心示例图1（拍摄：常能嘉）　　↑ 图2-43 将主体置于画面中心示例图2（拍摄：常能嘉）

2. 少用大景别，多用小景别

竖屏视频主要的播放设备为手机、平板电脑等移动端，屏幕与传统电视机、计算机等大屏相比较小，如果使用大全景、全景等大景别，则容易导致画面太小，拍摄重点不突出等问题。一条短视频的关注量与内容的显著程度息息相关，因而需要在最短的时间内吸引用户的眼球，让用户在最短的时间内获取画面的重点信息，因此，竖屏视频的拍摄应尽量使用中景、近景或者特写这些相对小一些的景别（见图2-44、图2-45）。如若要使用大景别，也尽量使拍摄主体靠近镜头，突出画面重心。

↑ 视频范例2-3 少用大景别，多用小景别（拍摄：常能嘉）

↑ 图2-44 小景别示例图1（拍摄：常能嘉）　↑ 图2-45 小景别示例图2（拍摄：常能嘉）

3. 注意平台传播的版式构图

大部分在短视频平台上发布的短视频内容，在其右侧以及下方会带有头像、点赞图标、转发图标以及话题标签等内容，某种程度上会对短视频的部分内容进行一定的遮挡。因此创作者在构图的时候，就要有意识地为这部分内容留出空间，避免关键信息画面被遮挡，影响用户的观看。

如图2-46所示，这条短视频点赞量有40多万，除了其本身内容的优质之外，构图也非常考究，值得短视频创作者学习。首先，拍摄时把画面中的主体人物放在中心偏上的位置，避免了重要信息被下半部分的"作品简介区"挡住。其次，字幕也没有选择放在中间，而是放在靠左的位置，因为如若放在中间或者右侧，部分文字都可能因为字幕太长而被右侧的点赞评论区挡住。

如图2-47所示，该短视频无论在前期拍摄还是后期制作中都没有考虑版式构图，整个画面没有留出多余的空间，"卖家种草秀"这几个花字也被上方的文字遮挡了，整体来看不够美观。

↑ 图2-46　正面示例图　　　　↑ 图2-47　反面示例图

4. 多视角拍摄

在竖屏视频的拍摄中，由于画面视野较小，如若一直使用平视视角拍摄，则画面的信息量相比横屏构图来说会小很多，并且容易缺少纵深感。这时候，如果改变拍摄视角，

通过俯角度或者仰角度来进行拍摄，则可以大大增强画面的纵深感，同时能在一定程度上增加画面的信息量，让视频内容看起来更加丰富。如图2-48所示，如果使用普通平视视角拍摄的话，那么列车大部分都会被人流挡住，显得杂乱无章，并且看不到更多的信息；但如果选择使用俯拍的方式拍摄，让纵向的信息增多，画面看起来便更整洁，并且画面的纵深感也能让视频看起来更"高级"。

↑ 图2-48　俯拍示例图　　　　↑ 图2-49　示例图

5. 突出拍摄对象的纵向特征

相比竖屏，横屏的宽度较大，可以拍下大部分的景物，因此取景的宽容度也就更高。竖屏对场景的选择则相对苛刻，否则容易大面积留白，导致画面信息量过少。因此，竖屏视频的拍摄应尽可能地选择画面中纵向特征明显的物体，或者突出拍摄主体的纵向特征，例如高楼、大树、人的全身等，让画面中呈现的信息更加丰富（见图2-50）。

↑ 图2-50 突出拍摄对象纵向
特征的示例图（拍摄：常能嘉）

↑ 视频范例2-4 突出拍摄对象
的纵向特征（拍摄：屈天浩）

知识点一： 横屏主要构图方式

1. 黄金分割构图/三分法构图。

2. S形构图/对角线构图。

3. 三角形构图。

4. 框架式构图。

5. 对称式构图。

知识点二： 竖屏主要构图方式

1. 将拍摄主体置于画面中心，突出拍摄重点。

2. 少用大景别，多用小景别。

3. 注意平台传播的版式构图。

4. 多视角拍摄。

5. 突出拍摄对象的纵向特征。

● 四种独特拍摄角度，让你的作品脱颖而出

传统视频的拍摄角度主要有平角度、俯角度、仰角度，这些角度在视频拍摄中的使用频率是比较高的；而短视频拍摄受器材设备的限制比较少，可以使用手机、运动相机以及微单等小型设备进行拍摄。创作者如若想让自己的作品更有新意，在一众短视频作品中脱颖而出，除了使用以上这些常见的拍摄角度之外，还可以尝试一些比较独特的拍摄角度。

一、 第一人称主观视角

主观视角是一种特殊的拍摄角度，指的是拍摄者模拟被拍摄对象的视觉角度来进行拍摄，这在经典电影拍摄中被称为视点（Point of View，PoV）镜头。这种拍摄方式能给观众一种身临其境的感受，能增强视频的真实性和感染力。一般的视频拍摄多采用客观视角，而主观视角拍摄作为一种比较独特的拍摄手段，可以丰富镜头调度，给观众带来沉浸感更强的视觉体验。

例如在抖音上，某博主所拍摄的记录农村生活的短视频就运用了大量主观视角和客

观视角相结合的拍摄技巧，使整条短视频的纪实感更强，镜头语言也更加丰富，获得了大量用户的点赞（见图2-51）。

【拍摄技巧】

将机位架设在被摄主体的同一侧，并且尽可能地靠近被摄主体。

镜头要适当运动，增强真实感。主观视角一般用于模拟人眼所看到的场景，运动感的镜头更接近人眼所看到的效果，真实感会比固定镜头更强。

↑ 视频范例2-5 主观视角
（拍摄：常能嘉）

↑ 图2-51 抖音短视频截图

二、 超低角度 "蚂蚁" 视角

超低角度的拍摄方式比普通仰拍的拍摄方式更有代入感，超低角度视角如同蚂蚁的视角，将镜头置于与地面平行的高度拍摄，能够充分展现空间的立体感。

使用超低角度拍摄时，可能会出现前景过于空洞、画面整体不平衡等问题，因此可以将手机或相机倒置拍摄，这样效果更佳。同时，要注意对画面前景的打造，可以利用地面纹理、树叶或者水滩等作为前景。

【拍摄技巧】

以手机为例，将手机倒置垂直于地面进行拍摄，可以选择落叶或者水滩作为前景，如图2-52所示，地面上的水滩形成倒影，让前景更加丰富。

对旋转上升的阶梯或者建筑，从超低角度拍摄能够使画面看起来更有视觉冲击力，所拍摄的物体也会显得更加高大。

↑ 图2-52　超低角度"蚂蚁"视角示例图

三、 特殊角度第三视角

大部分视频镜头都是从常规角度进行拍摄的，比如说人物的正前方、侧后方、斜上方等。所谓的"特殊第三视角拍摄"，指的是将机位架设在特殊的位置，拍摄观众在一般情况下看不到的角度的镜头。例如将机位架设在冰箱里，拍人物打开冰箱的镜头；或者将机位架设在食品包装盒里，拍摄人物打开包装盒的镜头（见图2-53的左图）；甚至可以将机位架设在透明玻璃杯的下面，拍摄水倒入杯中的镜头（见图2-53的右图）。这些特殊的第三视角镜头在一般的情况下我们是看不到的，可以给观众带来非常特殊的视觉感受，增强镜头的表现力，同时也能让视频看起来更吸引人。并且，短视频对于画面的要求相对较低，可以使用小型拍摄设备，例如手机、GoPro等进行拍摄，这样拍摄难度较低，可以发挥创意的空间更大。

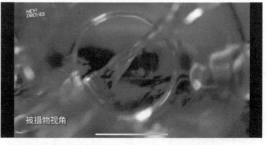

↑ 图2-53　特殊角度第三视角示例图

四、 借位拍摄创意视角

借位拍摄指的是利用一些特殊的拍摄角度达成一些原本不可能在画面中出现的拍摄效果。它在摄影当中的应用比较广泛，短视频的拍摄也可以借用这一技巧和新的玩法，拍出有创意的内容。借位通常是利用画面的前后关系来实现不同物体间的一种趣味互动效果。例如之前在短视频平台上很火的"跳瓶盖"——人踩在小小的瓶盖上，然后跳进塑料瓶里，这种短视频的拍摄实际上就是利用了近大远小的原则，将瓶盖和水瓶放在靠近镜头的一侧，人物则站在远离镜头的一侧，从而呈现了这种充满趣味性的内容。

【拍摄技巧】

利用具有反差的前后景，制造出特殊的视觉效果。如图2-54所示，人物站在靠近镜头的位置，利用近大远小的原则，安排好人物与月亮的位置关系，借位制造出人物托着月亮的视觉效果。

利用道具借位形成对比。如图2-55所示，利用镜头的仰拍角度，以冰淇淋筒为道具，制造出云朵冰淇淋的特殊效果。

↑ 图2-54 借位拍摄　　↑ 图2-55 借位拍摄创意视
创意视角示例图1　　　角示例图2

知识点

如何拍摄出有趣的借位视频

拍摄借位视频的核心要点是利用近大远小的原则以及特殊视角等方法拍摄出非常规的、特殊的画面。比如制造人和物体的借位，拍摄特殊的大物体和小人物的对比画面；制造人和人的借位，创造出"大人国"和"小人国"的视觉冲击效果；还可以借助光影、建筑、雨滴等各种物体和场景打造创意的视频效果。

● 四大要素，教你如何选择"大片场景"

短视频由于受到成本、人员、资金以及其他各方面条件的限制，一般不会单独置景，大多会利用现成的场景进行拍摄，因此场景的选择就显得尤为重要。那么，该如何选择一个合适的拍摄场景呢？我们主要可以从地理位置的便利性、场景的适配性、价格的合理性、地标的热门性四大要素进行考虑。

一、地理位置的便利性

地理位置是选择拍摄场景的关键要素之一，会在很大程度上影响短视频的拍摄成本。虽然短视频拍摄难度不高，但创作者若想拍出高质量的短视频内容，通常也需要团队协作。如果选择的拍摄场景较远，则团队的交通、住宿以及餐饮等费用会是一笔不小的开支。因此，在同等条件下，要尽量选择地理位置更近的拍摄场景。

除了选择更近的拍摄场景，选择固定的拍摄场景也是降低成本的好办法。创作者可以根据内容选择一个固定的场景拍摄短视频，这种方式不仅能最大程度地降低拍摄成本，并且可以给用户留下比较深刻的印象，长期坚持下去也容易产生"爆款"。

二、 场景的适配性

除了考虑地理位置的便利性之外，场景与拍摄内容的适配性也至关重要。特定的内容选择特定的拍摄场景，才能够为短视频锦上添花。

除了选择与内容适配的场景外，尝试选择与拍摄内容完全不合适的场景也会产生意想不到的反差效果，能够给用户带来视觉上的冲击，这样拍摄的短视频也更容易在同质化的作品中脱颖而出。例如舞蹈类的短视频账号，它们的短视频拍摄场景一般是专业的舞蹈房、舞台，也有很多短视频创作者会选择在街道上进行拍摄，这些场景与展示的内容是适配的，符合受众的心理期待。但如果将短视频的拍摄场景放在山顶上、在破旧的房屋前、在行驶的小船上等，那么场景和内容形成反差，在一定程度上可以突破用户固有的思维模式，使用户一下子被内容吸引而产生好奇心。这样的短视频也更容易在同质化的作品中脱颖而出，成为"爆款"。

美食品类在各大短视频平台都是热门品类，短视频作品数不胜数。要想在一众短视频中突出重围，好的场景的选择也能起到很大的作用。一般来说，美食制作都会选择在精致的厨房中进行，辅以专业的餐具进行拍摄，但如果选择制造内容和场景的反差效果，也有利于打造"爆款"短视频。

三、 价格的合理性

很多拍摄场地，例如室内影棚、咖啡馆、民宿等，是需要收取拍摄费用的，其中室内影棚的拍摄费用会非常高。因此，如不是特别必要，在短视频的前期策划阶段可以尽量避免考虑这一类场景，或者选择使用别的场景进行替换，以降低短视频的拍摄成本。一般情况下，室外拍摄的成本要低于室内特殊场景的拍摄成本。

四、 地标的热门性

场地的选择除了要考虑地理位置以及价格等要素，地标的热门性也是需要重点考虑的要素。热门地标自带流量，短视频拍摄可以尽量选择热门的地标（见图2-56）。在热门地标拍摄的短视频比在普通的场地拍摄的短视频更容易成为"爆款"。例如各地的网红商业街相比于普通日常的地方，其本身便自带流量。很多选择在热门地标进行拍摄的短视频也更容易成为"爆款"。

↑ 图2-56　抖音热门地标截图

2.3 两大拍摄技巧，让你的画面"动起来"

如果说优秀的画面质量是吸引用户眼球的第一步，那么好的拍摄技巧的运用则会为短视频锦上添花。随着短视频拍摄设备日益轻便化和短视频支持设备的发展，拍摄运动镜头不再是专业摄影师的专属技能。一条短视频的画面就算拍摄得再好看，如果只是固定镜头、长镜头，也一定会让观众感到索然无味。运动镜头的切换能够让短视频节奏更快，运动的画面也能更加吸引眼球。本节将通过讲解运镜技巧以及无缝转场技巧，帮助你更好地让画面"动起来"。

● 七大运镜技巧

运镜技巧指的是通过移动机位，改变镜头与拍摄主体的距离和变化焦距等方式所进行的拍摄技巧。相比于固定镜头来说，合适的运镜方式搭配一定的剪辑技巧，能够使整个短视频看起来更加流畅，更加酷炫，更有"大片感"。短视频平台上很火爆的"技术流"短视频就是创作者通过运用各种运镜技巧以及剪辑手法制作而成的。接下来就为大家介绍几种常见的运镜方式和技巧，如图2-57所示。

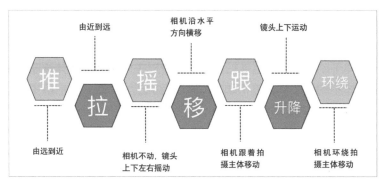

↑ 图2-57　七大运镜技巧

一、推

1. 定义

推镜头是指镜头由远到近，逐渐靠近拍摄主体，主体由小到大，逐渐充满整个画面。推镜头的使用能够带来景别的变化，增强画面运动感，同时使拍摄主体更加突出。

2. 作用

（1）推镜头通过景别的变化（远景-全景-中景-近景-特写）突出主体，突出人物。

（2）推镜头的使用让拍摄主体逐渐放大，越来越清晰，一定程度上能增强观众的代入感，使观众注意力更集中。

（3）推镜头通过放大拍摄主体，营造视觉冲击感，突出重要的元素。

（4）快速的推镜头可以作为转场，使镜头衔接自然。

3. 拍摄方式

（1）拍摄主体不动，将相机逐渐靠近拍摄主体；画框内主体逐渐变大，非主体部分被逐渐移出画外。

（2）拍摄主体不动，相机机位不动，通过相机变焦变化景别，将画框中的拍摄主体逐渐放大。

二、拉

↑ 视频范例2-6　推（拍摄：CUCTVS）

1. 定义

和推镜头相反，拉镜头是指镜头由近到远，逐渐远离拍摄主体，主体由大到小，主体周围的环境逐步展现在画面中。拉镜头能够在一个连贯的镜头中同时展现拍摄主体及其所处的环境。

2. 作用

（1）拉镜头能在一个镜头中展现景别的连续变化，从特写到近景、中景、全景、远景，能够保持镜头的连贯性和完整度。

（2）拉镜头通过镜头的运动，能够在一个镜头当中交代人物、环境，以及人与人、人与环境之间的关系。

（3）快速的拉镜头可以作为转场，使镜头衔接自然。

3. 拍摄方式

（1）拍摄主体不动，将相机远离拍摄主体，拍摄主体周围的物体逐渐展现在画面中。

（2）拍摄主体不动，相机机位不动，先通过相机放大焦距，将拍摄主体框在镜头内；之后再缩小相机焦距，将拍摄主体逐渐缩小，景别从特写变化为远景。

三、摇

1. 定义

摇镜头指的是不移动相机，而借助底盘，使相机镜头做上下左右的摇动或者是旋转拍摄。摇镜头能够更大范围地展现横向或纵向的景物，增加画面信息量，同时也能增强画面运动感。

2. 作用

（1）摇镜头通过运镜呈现单个固定镜头无法呈现的画面。

（2）摇镜头通过镜头上下左右的摇动来展现空间与环境的全貌。

（3）摇镜头可作为转场镜头使用。

3. 拍摄方式

（1）相机机位不动，使用三脚架固定设备，使镜头在原地做上下升降、左右移动或者360°旋转运动。

↑ 视频范例2-7　摇（拍摄：申皓文）

（2）拍摄主体不动，将相机架在支持设备上，拍摄者通过移动相机使镜头进行上下左右的摇动或者围绕拍摄主体进行360°环绕拍摄。

四、 移

1. 定义

借助一定的外部设备，使相机能够沿水平面做各个方向的平行移动，通过这种方式拍摄出来的镜头称为移镜头。移的方向可以分为前后左右，不同方向的移动拍摄出来的效果也略有不同。在短视频拍摄中，移镜头是非常常用的一种拍摄技巧。

2. 作用

（1）移镜头，尤其是跟随拍摄主体视角向前移动的镜头，能让用户产生身临其境的视觉感受。

（2）移镜头通过与其他运镜方式的结合，能呈现出不一样的短视频镜头效果。

（3）移镜头使画面更具动感和艺术感染力，同时也可以作为转场镜头使用。

3. 拍摄方式

将相机安放在可以平行移动的运载工具（例如滑轨）上，按照一定的水平方向轨迹对拍摄主体进行运动拍摄。移镜头可以进行前后、左右的移动拍摄。

↑ 视频范例2-8 移（拍摄：CUCTVS）

五、 跟

1. 定义

跟镜头指的是镜头跟随运动着的人或物一起移动的拍摄方式。使用跟镜头拍摄时，拍摄主体在画面中的相对位置和景别通常保持不变。跟镜头的使用能够让运动中的拍摄主体保持相对静止的状态，在运动摄影当中较为常见。

2.作用

（1）跟镜头拍摄可以更好地突出主体。

（2）跟镜头可以更好地表现人与环境的关系，引导用户视线。

（3）跟镜头可以更好地表现人物连续的动作表情，以及所有的运动的主体。

（4）跟镜头可形成连贯流畅的视觉效果。

3. 拍摄方式

拍摄者使用支持设备或者手持相机，拍摄处于运动中的拍摄主体，并保持镜头运动方向与拍摄主体的运动方向一致，使二者相对位置不变。

↑ 视频范例2-9 跟（拍摄：常能嘉）

六、 升降

1. 定义

将相机固定在升降装置上，随着升降机的运动拍摄完成的镜头称为升降镜头。

2. 作用

（1）升降镜头可以用于塑造环境、渲染氛围，表现宏伟、宽阔的感觉。

（2）升降镜头可以用于表现高度，营造垂直的空间感。

（3）升降镜头可以打破传统空间维度，形成视觉冲击力，使画面更有层次。

↑ 视频范例2-10　升降（拍摄：CUCTVS）

3. 拍摄方式

一般来说，升降镜头需要借助升降装置或者无人机，对拍摄主体进行由低到高，或者由高到低的拍摄。

七、 环绕

1. 定义

拍摄主体固定不动，相机对拍摄主体进行360°环绕拍摄的镜头称为环绕镜头（见图2-58）。

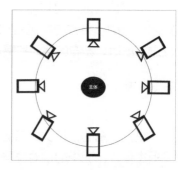

↑ 图2-58　环绕镜头拍摄示例图

2. 作用

（1）环绕镜头在短视频当中运用较少，对其合理使用能让短视频画面更有张力。

（2）环绕加变速的镜头可以营造一种独特的氛围。

（3）环绕镜头有利于展现人物与环境之间或人物与人物之间的关系。

3. 拍摄方式

环绕镜头的拍摄通常也需要借助支撑设备、旋转轨道或者无人机，将相机架在这些外部设备上，对拍摄主体进行360°环绕拍摄。

↑ 视频范例2-11　环绕（拍摄：陈慕真）

● 四大无缝转场技巧

无缝转场指的是让观众看不出镜头切换痕迹的转场方式，是视频转场的技巧之一，在短视频、Vlog 等内容中使用较为广泛。无缝转场技巧的使用能够使镜头之间的切换更加连贯，增强视频的流畅性，同时也能够加快视频节奏，辅助叙事，增强观众代入感，让视频看起来更有"质感"和"大片感"。下面主要为大家介绍四种常见的无缝转场技巧。

一、 运动镜头转场

运动镜头转场指的是通过镜头的快速运动实现两个镜头之间无缝切换的一种转场方式，例如急摇转场便是最常见的运动镜头转场方式。其通过两个镜头之间的快速摇动实现无缝切换。使用急摇镜头转场时，需要注意以下几点。

（1）尽量提前策划分镜头，保证转场时衔接的两个镜头运动方向的一致性。例如，A 镜头是从左向右摇动拍摄，那么衔接的 B 镜头也应该是沿同方向摇动拍摄，避免转场突兀。

（2）在拍摄时尽量使用支撑设备，保证画面的稳定。拍摄时，镜头快速运动，如若不使用支撑设备则会导致画面抖动，影响画面质量和美观。

（3）拍摄时的速度不宜过快，太快会导致镜头不稳，从而使画面产生抖动。拍摄时如果没有达到理想的速度，可以在后期进行一定的加速处理。

二、 遮挡／遮罩转场

遮挡或遮罩转场，本质上都是通过对前景物体的遮挡来适时切入下一个镜头，实现无缝转场的效果。遮挡转场一般是利用前景将前一个镜头的最后部分进行完全的遮挡覆盖，再由遮挡物切换至第二个镜头。这种转场主要使用推和拉的运镜方式，也可以看作运动镜头转场。例如，A 镜头是拍摄一个物体，转场时将镜头向前推至完全被物体覆盖，这时候的画面可以看作一个黑场；B 镜头则可以由黑场画面向后拉，顺势切换至下一物体或场景，即可实现无缝转场的效果。

遮罩转场也是将前一镜头结尾处的遮挡部分制作为遮罩，再流畅切入后一镜头，展现下一段画面。不同的是，遮罩转场不需要由前景物体完全挡住镜头，而是通过后期软件绘制遮罩来实现无缝转场的效果。这是后期制作者最为青睐的转场方式之一，但对于新手创作者来说难度较高。

要实现遮罩转场，除了后期需要使用一些技巧之外，在拍摄时也要注意两大要点：一是保持两段素材的运动方向一致，避免运动方向不一致而造成的突兀感；二是衔接的两个镜头可以选择不同焦段，或者使用对比鲜明的不同场景来增强画面的冲击力，继而从视觉上减少转场的痕迹。

↑ 视频范例 2-12　遮挡／遮罩转场（拍摄：申皓文）

三、 相似物体转场 （匹配转场）

相似物体转场也可以称为匹配转场。这是好莱坞电影中常用的一种剪辑手法，也可以作为无缝转场的技巧来使用。相似物体转场指的是衔接的两个镜头有相同或相似的人物或物品，且二者之间有联系。例如，A镜头的结束画面中有一个悬挂的钟表，B镜头的开始画面中也有一个悬挂的钟表。两个钟表作为相似物体，创作者则可以利用它们的相似性，通过后期处理实现两个镜头之间的无缝转场。在旅拍短视频中，相似物体转场非常常见。这种转场方式一般需要提前设计，可以用于两个不同场景之间的切换，使短视频看起来更流畅、更有"大片感"。

四、 缩放转场

缩放转场适用于素材较多，且拍摄内容、主题有一致性的旅拍短视频。这种转场要求画面运动方向有一致性，两镜头衔接画面的拍摄内容等有相似之处，或者主题上有一致性。缩放转场是旅拍短视频中使用频次较高的一种转场方式。

拍摄缩放转场时需要注意以下两点：一是衔接的两个镜头画面主题和运动方向一致；二是衔接的部分最好有一定的相似性，创作者可在衔接处添加变速特效，让镜头的过渡更加自然，实现无缝切换的效果。

知识点

运动镜头转场的几种方式

1. 甩镜头转场，要求衔接的两个镜头甩进甩出的方向一致，利用快速的镜头甩动实现无缝转场。

2. 推镜头转场，要求镜头在转换的时候快速推进，将镜头放大，达到类似遮挡转场的效果，从而实现无缝转场。

3. 拉镜头转场，要求衔接的两个镜头运动方向一致，在快速拉动上一个镜头的同时衔接下一个镜头，如若一个拉镜头衔接一个推镜头则很难达到无缝转场的效果。

2.4 这样布光，让你的短视频更有"大片感"

很多短视频创作者在制作短视频的时候可能会有这样的疑问，为什么别人拍出来的画面质感那么好？明明使用的是一样的拍摄设备，但别人的短视频却明显要比自己的高出一个档次。除了构图等摄影技巧之外，光线是重要因素之一，好的布光能极大提升短视频的画面质感。那么，光线都有什么作用？对于入门的短视频创作者来说，拍摄都需要准备哪些布光设备呢？

● 摄影布光的基本类型

一、 主光

主光又称塑形光，是一个场景中最基本的光源，用于照亮画面中的主要角色或物体，其他光则起辅助作用。在实际布光中，主光通常被布置在拍摄主体的侧前方，略高于主体的位置，与主体和拍摄设备之间形成45°～90°的夹角（见图2-59）。布置主光时，创作者还需要考虑到拍摄对象与环境的特点，以及实际想要的拍摄效果。

注意：在拍摄时，应尽量避免相机过于靠近主光。

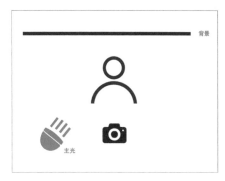

↑ 图 2-59 主光示例图

二、 辅助光

辅助光又称副光、补助光。辅助光的作用主要是补光，对主光照射时产生的阴影进行补充照明，使阴影颜色变淡，因此通常在布置主光之后架设辅助光。拍摄短视频时，如若没有足够的照明设备，手机也可以作为辅助光。一般来说，辅助光都被放在与主光相反的一侧，使阴影变得柔和（见图2-60）。

注意：辅助光的亮度应低于主光，辅助光不用于在主体另一侧制造阴影。

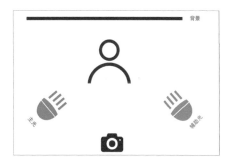

↑ 图 2-60 辅助光示例图

三、 环境光

环境光又称背景光，主要用于照亮拍摄主体的背景和环境（见图2-61）。环境光可以调整拍摄主体与其所处环境和背景之间的明暗差距，借助光线让拍摄主体从背景和环境当中分离出来，起到突出拍摄主体的作用。拍摄主体前后的光线差异也能够一定程度上增强画面的纵深感。

注意：环境光除了可以照亮背景和环境、烘托拍摄主体外，还可以表现某种特定的环境氛围和影调。

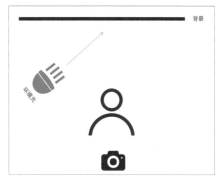

↑ 图 2-61 环境光示例图

四、轮廓光

轮廓光又称逆光、勾边光，是用于勾勒物体轮廓的光线，一般用于人物类短视频的拍摄，可以给人物的头发和肩膀等的轮廓打光，使其轮廓一周发出明亮的光使整个人物看起来更加立体。轮廓光一般打在拍摄主体的背后或者侧后方（见图2-62）。

注意：光可以照亮空气中的介质，比如烟尘、雨雪等，在使用轮廓光的时候，适当借助烟尘等介质，能让光线看起来更加通透、有氛围感。

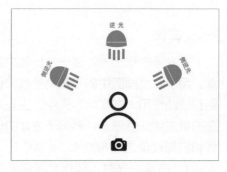

↑ 图 2-62　轮廓光示例图

五、眼神光

眼神光是指利用灯光在人的眼球上制造光斑，使人物的眼睛看上去更加明亮。一般来说，眼神光的位置最好在人物眼睛偏上方，在人物眼球上形成一个小的光点或1/8圆即可，这样会显得眼神更加灵动。

注意：眼神光主要用于人像的拍摄，建议使用中景以下的小景别，效果会更好。眼神光形成的光斑也不能太大，不然看上去会非常不自然；尽量保证眼睛里只有一个高光点，并且来自同一光源。布光技巧：只要在人物的正前方布置光或者使用闪光灯，就可以达到为眼神补光的效果。

六、修饰光

修饰光主要用于修饰拍摄主体某一局部的光，能够更精细地展现拍摄主体。例如，提高人物某个装饰或某个服饰部位的亮度，突出展现局部。修饰光的照射范围和使用范围都相对较小，在短视频的拍摄中，主要在近景、特写这些小景别当中使用。

注意：修饰光的亮度不能过高，要尽可能隐藏打光的痕迹，否则会破坏整体的和谐感，显得比较刻意。

知识点

摄影用光的五大要素

1. 光位：顺光、侧光、逆光、侧逆光、顶光。

2. 光质：硬光和软光。

3. 光型：主光、辅助光、环境光、轮廓光、眼神光、修饰光。

4. 光比：光的亮部和暗部的对比。

5. 光色：光的颜色。

● 短视频基础布光设备

在本章第一节中，我们提到了棒灯、环形补光灯等便携灯光设备，这些灯光设备可以应对绝大多数短视频创作的拍摄现场。然而，在短视频日益专业化的过程中，创作者逐渐开始运用专业影视创作中的灯具，超越了"打亮场景和人物"的简单诉求。这就需要我们了解更为专业的布光设备和布光方法。

一、摄影灯

常用的摄影灯有LED灯、环形补光灯、球灯、镝灯、棒灯等，市面上比较流行的有艾蒙拉200X、爱图仕100d、神牛SL00Bi、金贝LX100等（见图2-63），创作者可以根据自己的拍摄场景和需求进行购买。选择灯光需要考虑亮度、偏色、便携性、拓展性等因素。亮度顾名思义就是灯光能照亮的程度，亮度越高能照亮的面积也就越大。一般来说，亮度由功率决定。功率越高的灯亮度越高。如若拍摄人物或者大范围的场景，建议选择亮度更高的灯。

在拍摄过程中，相机的色温和灯光的色温不符就会产生偏色的问题。大部分灯光都存在偏色的问题，例如室内灯光偏冷色调，路灯偏暖色调。灯光的偏色程度可以通过其显色指数来判断，显色指数越高，灯光偏色程度越低，还原色彩的能力也就越高，得到的光照效果也就越好。因此在同等条件下，应尽量选择显色指数高的灯光。

↑ 图2-63　常见摄影灯

便携性和拓展性比较好理解，便携性指的是灯光使用时的便利程度，比如是否可以安装电池，是否可以拆卸、手持使用，是否可以利用App对灯光进行远程操控，以及亮度是否可以调节，等等。拓展性指的是灯光在外接设备时的便利程度，比如是否可以直接外接各式卡口的柔光箱、聚光桶、遮光布等。

二、柔光箱

柔光箱的种类有很多，基本上可根据形状对其进行区分，例如方形柔光箱、八角形柔光箱、深口抛物线柔光箱、球形柔光箱、柱式形柔光箱，伞形柔光箱等。柔光箱是影视布光的重要配件，能够柔和光线。柔光箱不能单独使用，而是要配合影室灯。柔光箱的发光面越大，灯照射的范围也就越大，光线也就更加均匀。下面介绍几种常用柔光箱的作用和使用场景。

1. 方形柔光箱

方形柔光箱是最常见、应用最广泛的柔光箱种类之一。方形柔光箱柔化的灯光有一定的指向性，能够形成方形范围的灯光。长方形的柔光箱还可以在柔化灯光的同时收缩形成长条形的光线，为人物或产品提供合适的条状高光。

2. 八角形柔光箱（见图2-64）

相比方形柔光箱，八角形柔光箱的发光面更大，因此它的光照范围也更大，不会打出明显的高光。在拍摄中，如若使用八角形柔光箱作为主光进行布光，人物的眼神光会更接近圆形，打出来的光线效果要比方形柔光箱更好。

↑ 图2-64　八角形柔光箱

3. 深口抛物线柔光箱（见图2-65）

深口抛物线柔光箱比普通的柔光箱更深、更广，可以使灯光从中央到边缘的亮度逐渐递减，其光线变化更均匀，从而产生更高饱和度、高柔和的光效。深口抛物线柔光箱给人物进行补光时的光线质感更好，在拍摄中通常作为主光使用。

↑ 图2-65　深口抛物线柔光箱

4. 球形柔光箱

球形柔光箱近似于球体，能够将点光源柔化处理为360°发散的球形光源，不对光的照射方向进行控制。球形柔光箱能够制造均匀的光线效果，不易产生阴影，如若搭配大功率的灯一起使用，则能够实现光充满整个空间的效果，适用于直播、短视频拍摄或者广告拍摄等环境。

三、 其他配件

1. 反光板

反光板是短视频拍摄中的常用配件。在短视频拍摄现场，除了拿着灯的工作人员之外，还会有工作人员拿着一个圆形的板子，并将其放置在拍摄主体的胸口位置。这个圆形的板子其实就是反光板。灯光照射到反光板上，反光板再将光反射到人脸上，人脸上的光会更柔和、好看，并且不容易产生阴影。

常见的反光板类型有白色反光板、银色反光板、金色反光板和黑色反光板（见图2-66）。白色反光板反射的光自然、柔和，通常用于辅助补光。银色反光板反射的光较强，可以用于塑造人物的眼神光。金色反光板反射的光为暖调，常用于人像摄影。与其他三种不同，黑色反光板主要用于"减光"或"吸光"，也就是吸收过多的光，挡住多余的光。

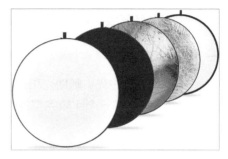

↑ 图2-66　反光板

2. 格栅（蛋格）

格栅又称蛋格。我们在布光过程中经常会看到这个配件，它通常搭配柔光箱进行使用（见图2-67）。格栅可以固定光线方向，让光线更加集中，不向四周散射。使用格栅后，能控制光线将拍摄主体照亮，而不照亮周围环境，使拍摄主体更突出，整个画面也显得更加有质感。

↑ 图2-67　安装了格栅的八角形柔光箱

3. 雷达罩

雷达罩也是布光过程中常见的辅助配件，主要在人像摄影当中使用。雷达罩打出来的光线既明亮又柔和，比柔光箱打出来的光硬一些，但比普通的反光罩又要柔和许多。使用雷达罩拍摄时，不会产生局部区域过曝的情况。在拍摄人物时，它能够较大程度地表现皮肤的质感，形成有一定程度对比但又不会对比过度的光线，显得人物非常有质感。

● 短视频拍摄不可不知的五大布光技巧

短视频制作日益专业化，电影一样的"大片感"是很多创作者追求的拍摄效果。那么如何让画面有质感和电影感呢？好的布光是不可或缺的条件之一。合适的光线设置能够让画面呈现出更佳的质感，同时能够营造气氛，将观众带入到情境中。灯光是一门学问，对于短视频创作者来说，我们不需要像拍电影一样掌握非常专业的布光知识，一些基础的布光技巧就可以给我们拍摄的画面锦上添花。短视频拍摄的内容大部分是人物或者产品，下面就介绍几种常见的比较适用于人物或者产品拍摄的布光技巧。

一、三点布光

【效果】利用主光、辅助光和环境光、轮廓光，使人物形成一个比较完整的照明效果（见图2-68）。

【用途】三点布光是最常用的布光方式之一，主要用于人物的拍摄。

【布光思路】将主光布置在人物侧前方30°～45°的位置，照亮整个场景。人物另一侧的位置使用辅助光，对人脸上的阴影进行补充照明。辅助光的亮度较主光可以偏低一些，以增强人脸的立体感。人物背后使用轮廓光来勾勒主体的轮廓，将人物从背景中分离出来。为了使整个画面的纵深感更强，还可以在背景处布置环境光。

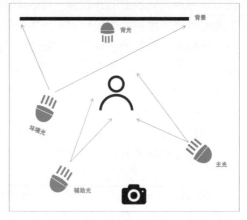

↑ 图2-68　三点布光示意图

二、派拉蒙布光

【效果】增强人物的轮廓立体感，使人物亮部呈现一定的层次感（见图2-69）。

【用途】派拉蒙布光又称蝴蝶光，适用于对女性人物的拍摄。

【布光思路】使用柔光箱作为主光，在人物正前方从上往下45°照射拍摄主体，调整柔光箱与拍摄主体间的距离。辅助光可以使用反光板或者柔光灯，从主光的正下方，从下往上对主光形成的阴影进行补充照明，并提高人物眼神光的亮度。另外可以使用轮廓光给人物轮廓打光照明；用环境光照亮背景，

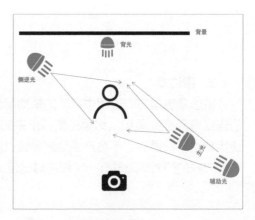

↑ 图2-69　派拉蒙布光示意图

增强画面纵深感。

三、 伦勃朗布光

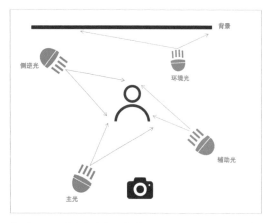

【效果】在拍摄主体的正脸部分形成三角形的光斑，塑造出光线层次丰富、五官对比鲜明的人像效果（见图2-70）。

【用途】伦勃朗布光又称三角光，这种布光方式发光面窄，可以凸显人物五官的立体感，适合矫正脸型拍摄。

【布光思路】将主光放置在拍摄主体侧前方45°～60°的位置，照亮拍摄主

↑ 图2-70　伦勃朗布光示意图

体脸部较暗的一侧。再使用柔光灯作为辅助光，照亮人物脸部较亮的一侧。适当调整拍摄主体的头部，使人物脸部较暗的一侧形成三角形的亮光区域。可以适当加入轮廓光照亮人物的头发，同时使用环境光将背景打亮。

四、 明亮纯净光

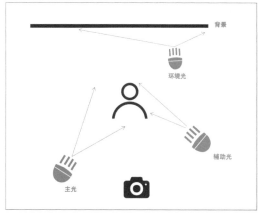

【效果】光线柔和，光照面积大，光比不强烈，拍摄主体细节丰富（见图2-71）。

【用途】适合拍摄人物采访短视频、产品开箱短视频以及美食短视频等。

【布光思路】使用球形柔光箱作为主光，将其放在主体侧前方偏高一点的位置。在主体另一侧，增加一个标准罩将光线打在墙面或天花板进行补光，冲淡阴影。如果想营造环境的氛围感，还可

↑ 图2-71　明亮纯净光示意图

以使用环境光或者利用聚光筒上进行打光，使背景产生光影的对比效果，营造温馨的氛围。这种布光方式会使整个画面看起来干净、简洁。

五、 营造气氛光

【效果】整体光线偏暗，注重营造气氛，光线对比更强烈（见图2-72）。

【用途】适合拍摄人物专访短视频、科技感短视频或产品短视频等。

【布光思路】使用抛物线柔光箱作为主光，将其放在拍摄主体顶部的位置。如果拍摄主体较小，想让光线更集中的话，可以在抛物线柔光箱上安装格栅进行控光；如果拍摄主体为扁平状，则布置主光就够了；如果拍摄主体比较立体，则可以在主体侧面布置辅助光，可以使用柔光布或牛油纸制造柔光效果。

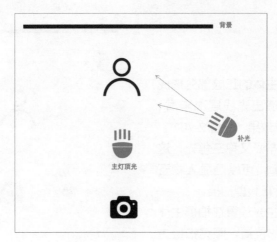

↑　图 2-72　营造气氛光示意图

知识点

摄影布光的四大技巧

1. 控制好光照面积和光的扩散程度，可以实现拍摄主体不同的明暗反差效果。

2. 保证足够的照明亮度，可以通过光圈来控制镜头的景深。

3. 选择合适的灯距，灯距很小且光照面积小时，可以看作点光源；灯距很大时，则可以看作面光源。

4. 尽量少用灯具。使用灯具过多，不但会使布光过程变得复杂，而且会带来杂乱的投影，因此在布光过程中应尽量少用灯具。

第 3 章

视频编辑：
用后期技巧让
短视频更有创意

如果将短视频制作比作烹饪美味菜肴，画面拍摄是获取食材的过程，那么视频编辑就像是搭配、加工和调味的过程。视频编辑同样也是对传媒行业从业者来说至关重要的业务能力之一。在电视时代，视频编辑工作的完成主要依赖于专业的编辑设备，经历了从胶片到磁带、从模拟到数字、从线性到非线性的技术演进；到了影视摄制的数字时代，视频编辑工作对硬件的依赖程度大大降低，视频创作者利用 Adobe Premiere 或 Final Cut 这样的非线性编辑软件就可以在高配置的计算机上完成编辑工作；而对于短视频创作而言，短视频创作者通过笔记本电脑、平板电脑甚至手机便可以轻松完成短视频编辑工作。技术的革新给创作者的视频编辑工作带来了极大便利。

3.1　剪辑的基本规律

剪辑是后期编辑的重要一步，优秀的剪辑手法可以让视频更具有感染力，但剪辑不仅仅是将拍摄的镜头堆砌在一起，不同景别的镜头、动静镜头以及不同内容的镜头的组接都有一定的方法和规律。这些方法和规律是在影视发展一百多年的历史过程中逐渐形成的。在进行短视频剪辑之前，我们首先应该要了解剪辑的基本规律，学习基本的剪辑的原则以及不同镜头的组接方式。

● 如何选择剪辑点

剪辑点是两个镜头之间进行衔接的转换点，是成片镜头序列中上一镜头结束的出点和下一镜头开始的入点相连接的位置。摄影师拍摄完成的素材镜头往往是杂乱无序和长短不一的，即使摄影师严格按照分镜头脚本进行拍摄，也未必能够按照成片的叙事逻辑直接组接镜头。这就需要我们挑选合适的镜头，按照一定的剪辑规律进行编辑。选择合适的剪辑点进行镜头切换能够使镜头间的衔接更加流畅、自然。那么，如何才能找到正确的剪辑点呢？下面主要介绍短视频创作者选择最多的五种剪辑点，即相似物剪辑点、动作剪辑点、情绪剪辑点、声音剪辑点和节奏剪辑点。

一、相似物剪辑点

相似物指的是有相同或相似元素的物体，这里的相同或相似主要指的是拍摄物体在形状、外表、运动方向、运动速度、位置或色彩等方面的相同或相似性。通常相似物会被应用于转场中，但它也可以作为一个剪辑点的选择，让镜头的组接更加流畅。如图3-1所示的不停走针的圆形挂钟和体育馆内被踢着的足球，这两个物体的形状和运动方向都很相似，将这样两个镜头组接起来会非常自然。类似的案例还有很多，例如天上飞过的白色飞机和白色小鸟，翻滚拍打的海浪和翻开的白色书页，等等，相似物剪辑点的方法可以减少视觉元素的变化，使镜头衔接更加流畅、自然。

↑ 图3-1 相似物剪辑点

二、 动作剪辑点

利用动作剪辑点进行剪辑是比较常用的一种剪辑方式，通常以拍摄主体的动作为依据。在剪辑拍摄主体的动作时，我们应找到合适的剪辑点，保证其动作的连贯性。需要注意的是，要想在镜头的衔接处获得流畅的动作，在前期分镜头设计和实际拍摄过程中，我们就需要通过多角度拍摄（拍摄角度即景别、方向、高度确定的相机位置）记录动作过程，获得足够的动作剪辑素材镜头。

第一种情况是对同一个拍摄主体的动作进行剪辑。在单机位拍摄中，我们要用不同景别、方向、高度的镜头拍摄同一主体的同一个动作，在剪辑中将不同角度的两个镜头按照动作发生的时间顺序进行组接，如图3-2所示。

↑ 图3-2 同一主体的动作剪辑点（拍摄：CUCTVS）

第二种情况是对不同主体之间的动作进行剪辑。使用这种剪辑方法时，我们要基本遵循动作与动作衔接、动态与动态衔接的原则。例如，将一个角色走出画面的镜头与另一个角色走入画面的镜头相接，或是将打斗场面中的出拳镜头与闪躲镜头相接。

那么，如何才能准确地找到镜头中人物动作的剪辑点呢？以下三种方式可以作为寻找动作剪辑点的参考。

↑ 图3-3　不同主体的动作剪辑点（拍摄：CUCTVS）

（1）选择拍摄主体动作或者表情变化的瞬间，在其动作或表情进行转换的时候切换镜头。例如人物从凳子上完全站起来或者坐下的瞬间，脸部从满脸笑容到面无表情的瞬间，台球被打出去或者从桌面正好落入袋中的瞬间，等等。将主体动作的转换和镜头的切换设置在同一时间，让镜头的变换更加自然，这样观众往往会忽略剪辑点。

（2）选择拍摄主体动作的动静切换处，也就是在主体动作"由动转静"或"由静转动"的瞬间进行镜头的切换。例如门从开着到完全关闭的瞬间，人物从准备起跑时的静止状态到冲出去的瞬间，教室从混乱不堪的状态到突然鸦雀无声的瞬间，等等，这些都是进行动作剪辑的好时机。

（3）选择动作的间歇点和完成点，在拍摄主体的动作完全结束之后再进行镜头的切换。比如用手打开车门，车门被打开这个动作完成的时间节点就是很好的剪辑点。在某一个动作完成之后再切换别的动作、画面或场景，这与我们日常的生活规律以及观众的心理预期是一致的，这样不会给观众造成跳跃感。

三、　情绪剪辑点

情绪剪辑点是以人物的心理情绪为基础，根据人物外在表情所表达的情绪为依据而选择的剪辑点。情绪剪辑点注重对情感的渲染和表达，目的是表现人物的情绪。情绪剪辑点的选择不像动作剪辑点一样有可以遵循的规则，它没有动作开始或者完成的时间局限，因此通过情绪剪辑点所剪辑的视频长度也不是固定的。这就要求剪辑者在选择情绪剪辑点之前，充分了解视频内容所表达的情感，并通过整体来判断视频要表达的情绪和应有的节奏，确定单个镜头时长，再据此安排镜头的切换。

情绪剪辑的方式有很多种，例如细节镜头插入、多镜头强化表现等。这些剪辑手法能够渲染特定情绪和氛围，让视频的情感表现更加充沛。

1.　通过插入细节镜头表现情绪

在使用情绪剪辑点时，为了突出主体的情绪，可以在渲染

↑ 视频范例3-1　情绪剪辑点（拍摄：王兆扬）

情绪的关键位置插入一个或一组细节镜头（近景或特写），使其与前后镜头共同组成情绪表达段落。例如在表现人物紧张情绪的时候穿插人物额头冒汗或者眼神飘忽不定的特写镜头，在表现人物忧虑情绪的时候插入人物眉头紧锁的镜头，等等。这些镜头都能很直接地表达人物的情绪，但需要剪辑者把握好时机和控制好度。

2. 通过多镜头组接强化情绪表现

将表达同一情绪的镜头组接到一起能够将视频内容所表达的情绪强化。与细节镜头有所不同，多镜头组接不强调镜头的景别，只要求不同镜头所表达的内容和情绪一致。比如一组不同人物哭泣的镜头肯定比单个人物哭泣的镜头所表现的悲伤情绪更强烈。

3. 通过镜头运动表现主体情绪

除了主体的动作之外，镜头本身的运动也能够渲染和强化特定的情绪，如使用甩镜头可以强化戏剧化的情绪表现；使用急推镜头，可以突出主体或细节，能够表现人物内心或强化紧张等情绪。镜头剪辑的速度也可以强化主体情绪，例如快速的镜头切换可以表现出紧张、快乐等情绪，缓慢的长镜头组接则可以表现悠闲、宁静、散漫等情绪。

四、 声音剪辑点

短视频中的声音元素主要包含解说词、对白/同期声、音乐音响等方面。所谓的声音剪辑，主要指的是根据视频声音的特点或者内容对声音方面的要求来寻找相邻镜头的剪辑点，并依此来衔接镜头。短视频中，声音元素和画面元素的叙事功能同样重要。声音元素的编辑工作也是编辑工作中的重要环节，同时每一种声音元素都具有辅助画面进行视频剪辑的功能。

1. 解说词

解说词是画外音的一种，主要是通过口头解说来对画面内容进行补充和说明，以加深观众的认识和感知。一般来说，解说词的剪辑需要与画面的剪辑相匹配，但是也要避免"看图说话"式的解说词剪辑。在实际操作中，往往会采用"未闻其声，先见其人"的做法，即先播放画面，将解说词的播放时间适当后移，解说词的内容也多应起到解释、补充的作用，避免解说词与画面释义重复。

2. 对白/同期声

对白/同期声是叙事场景中的人声，可以是对话，也可以是人物的讲述或是采访内容。对白和同期声是视频中常见的声音元素，对人物对白/同期声剪辑点的选择主要有两种方式。一种是平行剪辑，也就是将人物的声音和画面对应，并使声音和画面在同一时间出现，谁说话就将镜头切换到谁的身上。另一种是错位剪辑，将上一个镜头人物的声音延续到下一个镜头，或者是将下一个镜头的声音提前至上一个镜头出现。如图3-4所示，A和B正在对话。A还在说话，镜头就由A切换到B，A说完后B接着说话；或者是A已经说完话，B开始说话的时候镜头没有马上切换，而是等B说了几句话后再切换到B。对于非对话的讲述或是采访，常常采用同期声先置的方式使视听衔接更为顺畅，这时就是"未见其人，先闻其声"了。

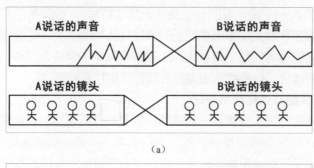

（a）

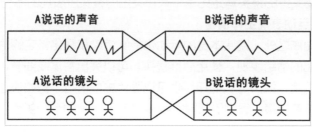

（b）

↑　图3-4　对白剪辑手法示意图

3．音乐音响

在短视频当中，音乐应该是除了对白之外最重要的声音因素，也就是我们常常提及的BGM。音乐有旋律节奏、音调音高的差别，有渲染情绪色彩、表现影片风格等作用。音乐剪辑点的选择也需要根据音乐的这些特质与画面造型的匹配程度综合考虑。

在抖音，音乐的作用被放大了，一条短视频可能只是因为音乐选择得当就能得到很高的关注度和点赞量。例如卡点音乐的一种卡点方式是将镜头切换与音乐节奏相匹配，这时音乐剪辑点主要就放在了音乐节奏的切换上，镜头随着音乐节奏进行切换，会带来很强的韵律感；还有一种卡点方式是使镜头的运动与音乐旋律的走向相匹配，如随着音乐走向高潮，镜头也不断推进，直到音乐达到高潮点。

除了BGM之外，短视频的剪辑常常会用到的声音元素还有音效。笑声、鼓掌声、喝彩声、敲击键盘声等都是短视频常用的音效。

五、　节奏剪辑点

节奏剪辑点是以视频内容表达的情绪、氛围以及事件发展的进程等为基础进行选择的，通过镜头的长短、快慢来表现不同的节奏，或舒坦自如，或紧张激烈。

视频范例3-3是学生拍摄的一则运动鞋广告，以主人公晨跑运球为主要内容。这条60秒的短片共有70多个镜头，平均每个镜头的时长不足1秒，最短的镜头只有0.5秒。激昂的音乐营造出运动、积极、健康的氛围，与短片的主题高度契合。如果镜

↑　视频范例3-3　节奏剪辑
点（拍摄：CUCTVS）

头时长长、切换慢、音乐舒缓，一定无法营造出这样的氛围。相反，对一些节奏舒缓的视频，如果采用这种剪辑方式，则没有给观众留足酝酿情绪的时间，这种剪辑方式也无法与主题匹配。另外，制作一些纪实性较强的视频时，为了强调纪实性，也要尽量避免做过多的镜头剪辑。

总体而言，采用节奏剪辑点需要短视频创作者对叙事主题和镜头风格有一个总体把握，使画面、背景音乐、剪辑率等元素相互匹配、相得益彰。

知识点

如何选择剪辑点

1. 以相邻镜头的相似物为依据寻找剪辑点。

2. 以拍摄主体的动作为依据寻找剪辑点。

3. 以拍摄主体的情绪为依据寻找剪辑点。

4. 以短视频中出现的声音为依据寻找剪辑点。

5. 以短视频所表现的节奏为依据寻找剪辑点。

● 不同景别镜头的组接

一、 景别的概念

拍摄主体与拍摄设备的距离不同，导致拍摄主体在镜头内呈现的范围也不同。镜头画面内主体涵盖的范围被称为景别，景别主要分为远景、全景、中景、近景和特写。实际应用中，在使用可变焦的设备时，景别变化还可以通过光学焦距的调整来实现。现在大多数智能手机也具有广角镜头、标准镜头和长焦距镜头的选择，即使是使用手机拍摄，我们同样可以选择不同景别。

在短视频拍摄阶段，我们通常会为某一主体拍摄不同景别的镜头，这些镜头的作用各不相同。不同景别的概念和作用如表3-1所示。远景指主体占画面高度1/2以下的景别，主要用于交代拍摄的空间环境，有较强的抒情作用。全景指主体占画面高度3/4以上的景别，主要用于展现主体的全貌或动作，交代主体与环境之间的关系。中景指画面取景范围在主体膝盖以上的景别，是比较常用的景别之一，主要用于展现人物手部动作和姿态，表现人物之间的交流。近景指画面取景范围在主体胸部以上的景别，重在表现人物的神态和表情，传达人物的内心世界。特写指主体面部占满画面高度的景别，它能突出细节，表现特殊视觉感受，具有强烈的主观性。远景镜头和特写镜头被称为"两极镜头"，其表达的主观性意味最为显著，其他几种景别的镜头接近人的肉眼所见，更趋于日常，如图3-5所示。

↑ 图 3-5 景别示意图（从左至右，从上至下）：远景、全景、中景、近景、特写

表 3-1 不同景别的概念和作用

景别	概念	作用
远景	主体占画面高度1/2以下的景别	1. 交代空间环境 2. 具有抒情作用，奠定氛围基调
全景	主体占画面高度3/4以上的景别	1. 客观展现主体的全貌或动作 2. 交代主体与环境之间的关系 3. 交代事物之间的相互关系 4. 具有定位作用，起到定轴线、定光线、定基调的作用
中景	画面取景范围在主体膝盖以上的位置，展现主体的主要部分	1. 有利于展现人物动作、姿态和手势 2. 利于展现交流的情节
近景	画面取景范围在主体的胸部以上，展现主体的局部	1. 表现人物神态 2. 表现事物的色彩、纹理和质地
特写	主体面部占满画面高度，展现主体的细节	1. 突出主体细节 2. 通过局部表现全貌，通过表象揭示本质 3. 具有强烈的主观性 4. 可用于转场

二、 不同景别镜头的组接原则

不同景别镜头的组接也要遵循一定的原则，总的来说要符合视觉逻辑，过渡自然。

1. 跨景别组接原则（视角变化原则）

不同景别的镜头突出表现了拍摄主体不同的部分，有其各自的意义和作用。因此，在同一个场景中，为了记录拍摄主体的连贯动作，需要用多个不同景别的镜头组接成流畅的画面。在拍摄方向、拍摄高度等其他元素不变的情况下，相邻镜头的景别要有明显的变化。角度相同的全景镜头与中景镜头相接会带来跳跃感，而全景镜头与近景镜头相接则是能被接受的。也就是说，两个镜头的景别变化越大，组接后带来的跳跃感反而会更弱。

这就是剪辑者追求的相邻镜头的视角变化。因此，在实际应用中，只要画面景别、拍摄方向、拍摄高度这三个元素中有两个元素变化较大，就可以避免画面的跳跃感。

如图 3-6 所示，在电视学院学生制作的这条短片作业中，有一场两个女生的天台戏，她们在聊关于未来学业和生活的规划，其中三个相邻镜头的景别分别是中景、远景、特写，画面景别的显著变化加上拍摄角度的显著变化，使镜头之间的衔接非常流畅。

↑ 图 3-6 跨景别组接（视角变化）示意图（拍摄：CUCTVS）

2. 景别与画面时长匹配的规律

景别越大，拍摄的主体范围越广，画面交代的信息也越多，观众从镜头画面获取信息的时间也越长。因此，对于不同景别镜头的组接，剪辑者除考虑景别和机位的变化之外，还需要考虑镜头的时长。大景别如远景、全景，画面呈现的空间范围广、包含的信息量多，因而镜头的时长需要相对长一些；而小景别如特写、近景，画面呈现的空间范围小、包含的信息量也相对较少，因而镜头的时长可以相对短一些。上述"规律"仅仅是对一般情况而言的，而在组接有特殊需要的情绪性表达段落时，就要考虑更多影响画面时长的因素。

在实际的后期剪辑过程中，关于不同景别镜头的组接并没有明确的规则和方式。一般要求能够实现叙事清晰、表达准确、自然流畅的效果就可以了。要尽量避免同景别镜头的组接，如果景别相差不大，尽量使用不同机位。为了渲染特定氛围，实现某种效果，远景到特写或者特写到远景这种"两极景别"的组接方式也可以使用。

知识点

不同景别镜头的组接方式

1. 相邻镜头要有明显的景别或机位变化。

2. 避免同机位、同景别镜头组接。

3. 相邻镜头组接避免景别相差过大。

4. 景别大小与画面时长相匹配。

● 动静镜头的组接

一般情况下，镜头的组接遵循"动接动""静接静"的原则。也就是说，动镜头接动镜头，静镜头接静镜头，这种情况下，画面的剪辑是趋于顺畅的。

动和静是相对的，动镜头和静镜头也不能简单理解为运动镜头和固定镜头。动镜头主要有两种含义：一是指画面内主体运动，这种情况下，就算镜头是固定的也称为动镜头。二是指镜头的运动，也就是我们常说的运动镜头，也叫作移动镜头。镜头的运动方式有推、拉、摇、移、跟、升降和环绕镜头等。静镜头主要指的是固定镜头，但是如果一个动镜头有起幅或落幅，无论它中间是如何运动的，也都遵循"静接静"的组接原则。

另外，无论镜头固定与否，画面主体都既有可能是运动的，也有可能是静止的，所以动静镜头的组接就有多种可能性，除了"动接动""静接静"之外，"动静相接"的组接方式在很多情况下也可以使用。

一、 动接动

动镜头组接时，将剪辑点选在运动的过程之中，也就是说在拍摄主体的动作没有结束时就进行镜头的切换，并且切换后的镜头也处于运动之中，我们称之为"动接动"。比如说两人正在打斗，将一人进攻、一人防守的两个摇镜头相组接就是"动接动"。具体剪辑点的选择可参照动作剪辑点的选择规律。

但需要注意的是，"动"和"静"都是相对的，并且这里的"动"和"静"都是针对单个镜头的开头和结尾部分而言的，也就是说一个动镜头无论它如何运动，如果落幅是静止的，那么它就算"静"，后接静镜头；同样，如果一个镜头开始是静止的，但结尾是运动的，那么其下一个组接镜头也需要从"动"开始。在短视频《你以为的摄影专业》中，画面一直在进行运动和变换，平均2秒左右一个镜头，体现了丰富的节奏感。

同时，动镜头的组接也有一定的要求。首先，应尽量避免运动方向相反的镜头相组接。例如，尽量不要用升镜头接降镜头，推镜头接拉镜头，等等。其次，相邻两个动镜头相组接，要去掉起幅和落幅。那么什么是起幅和落幅呢？在拍摄动镜头

↑ 视频范例3-4 动镜头组接《你以为的摄影专业》

时，最开始的几秒镜头肯定是固定的，之后镜头才开始运动，最开始的这段镜头固定不动的部分就叫作起幅。同样，拍摄结束时，镜头也会有固定的部分，这部分就叫作落幅。如果保留起幅和落幅，那么无论这个镜头的运动过程有多么复杂，这个镜头都属于静镜头。按照"动接动""静接静"的原则，这个动镜头的相邻镜头需要静镜头。最后，相邻的动镜头相组接，镜头的运动速度应尽量保持一致。也就是说，不同的动镜头，无论是推拉摇移还是升降，在组接时都需要尽量保持速度一致。设想，如果将一个运动得特别慢的镜头和一个运动得特别快的镜头相组接，那么组接出来就会给人跳跃感；反之，剪辑才会流畅自然。

知识点

"动接动"镜头的组接原则

1. 避免将运动方向相反的镜头相组接。

2. 相邻两个动镜头相组接，要去掉起幅和落幅。

3. 相邻的动镜头相组接，镜头的运动速度应尽量保持一致。

二、 静接静

"静接静"主要指的是固定镜头的组接，但不是指任意两个固定镜头就可以相组接。我们在前文已经提到，对于动镜头而言，如果镜头中有落幅，那么将其和另一个固定镜头相组接，同样也是"静接静"。从这个意义上而言，这里的"静"更多是指剪辑点位置的"静"。

↑ 视频范例3-5 静镜头组接

在视频范例3-4中，我们发现单个镜头要"沉稳"许多，将其组接在一起也显得画面更规整，但这并不意味着动感的缺失。这时的画面动态是由画内主体的运动和动作带来的。静镜头的组接也需要遵循一定的程序和方法。

1. 注重画面因素的相似性

镜头的画面因素包括环境、主体造型动作、画面结构、色彩影调等。在视频的后期编辑过程中，固定镜头之间的组接要尽量保证相邻两个镜头之间有画面因素的相似性，也就是说相组接的两个镜头需要有逻辑上的一致性。比如老师在黑板上写字的镜头可以接学生在听课的镜头，两个镜头在环境上是有相似性的。除非有蒙太奇的叙事需要，一般情况下我们不会在黑板上写字的镜头后接一个表现高楼大厦或者超市购物场景的镜头。

2. 注意镜头时长

固定镜头不像动镜头，动镜头本身的镜头运动或者画面主体的运动就带有强烈的节奏感和韵律感。

　　如果固定镜头拍摄的画面主体也处于静止状态，那么在进行组接的时候，镜头时长也具有视听叙事能力。一种情况是，保持镜头时长一致的剪辑方式能够赋予一组镜头节奏感和律动感；另一种情况是，在相同镜头时长的剪辑中，插入一个或一组不同时长的镜头——时长可以显著变长或显著变短，则可以起到一种引起关注的作用。当然，在组接一组固定镜头时，如果镜头时长有长有短，组接杂乱无章，则会影响镜头的表现力。

知识点

"静接静"镜头的组接原则

1. 用画面主体的运动给固定镜头带来动感。

2. 注重画面因素的相似性。

3. 发挥镜头时长的叙事能力。

三、　动静相接

　　动静相接不仅仅指的是动镜头和固定镜头的组接，事实上，很多动镜头和固定镜头的组接主要是以"静接静"的组接原则处理的。将处于运动中的镜头直接与静止状态的镜头相组接容易产生跳跃感，剪辑痕迹重。一般情况下，动镜头和固定镜头相接时，动镜头要保留起幅或落幅。若动镜头在前，剪辑点便选在动镜头的落幅上；若动镜头在后，则剪辑点便选在动镜头的起幅上，这都是"静接静"的组接原则。只有在一些特殊的情况下，固定镜头和动镜头的组接可以用"动静相接"的方式处理。

　　如图3-7所示，前一个镜头（见图3-7的左图）是一辆火车内部的场景，这是一个固定镜头；后一个镜头（见图3-7的右图）是车窗外的风景，这是动镜头。这两个镜头属于固定镜头和动镜头的组接，并且这种组接是以"静接动"的方式处理的。

　　又例如剪辑运动场景时，跟镜头拍摄运动员冲向终点后，直接组接观众欢呼的固定镜头，如此"动静相接"的方式也不会显得跳跃。在前后镜头的内容相呼应或者镜头的相对运动呈现静止状态的情况下，"动静相接"的组接方式符合我们的视觉

↑ 视频范例3-6　动静相接
（拍摄：常能嘉）

逻辑，因此可以进行流畅的转换。"动静相接"还有很多适用的场景，只要符合大众的现实生活逻辑，"动接静"或"静接动"就可以很自然地转换。

↑ 图3-7　示例图

3.2 酷炫转场，让画面无缝衔接

短视频在拍摄阶段一般都会进行场景的变换，因此在进行后期编辑时，为了使场景的转换看起来更流畅，更富有逻辑性和条理性，我们通常会使用一些转场的技巧来进行画面的切换。并且，随着短视频的应用日益广泛，市场的需求也越来越大，由于很多短视频创作者没有经过系统性的视听语言学习，在后期编辑阶段则会遇到由于前期镜头拍摄不全，导致后期内容表达不完整等问题。但是，若短视频创作者能合理地运用转场技巧，就可以轻松地解决很多短视频编辑的问题。

● 转场的基本概念和作用

转场，顾名思义，就是转换场景。简而言之，段落与段落、场景与场景之间的过渡和转换，就叫作转场。作为后期编辑的重要手段，运用好转场技巧，可以让场景自然过渡，画面无缝衔接，呈现更加流畅、酷炫的效果，短视频也更容易脱颖而出。

转场的作用

作为后期编辑的重要手段，转场的作用不言而喻。很多人会认为，转场仅仅是为了让短视频看起来更加酷炫，然而转场的作用不止于此。虽然很多创作者会经常使用各种转场技巧让短视频看起来"更高大上"，但除此之外，转场还有很多其他作用。

1. 增强场景切换的连贯性

要想让短视频画面连贯流畅，镜头连接自然，除了剪辑点的选择，转场的作用也不可忽视。在编辑一条短视频的过程当中，可能会涉及多个场景的切换。如果你拍摄的短视频中出现了不止一个场景，那巧妙地使用转场则可以使场景的切换更加流畅、自然。比如说当短视频中的场景从家中切换到学校时，你可以使用直接转场，用一个远景的空镜交代环境信息；也可以使用技术转场，用淡入淡出、划像、叠化等转场效果来进行场景切换。在时间和空间有大幅度变化的时候，利用转场能增强场景切换的连贯性，让短视频画面更加流畅、自然。

2. 掩饰镜头拍摄缺陷

随着短视频拍摄制作的全民化，很多短视频的拍摄都是直接用手机完成的。相较于专业设备，手机拍摄还是有一定的局限性，比如大部分手机都是自动曝光并且自动调节色温的，拍摄场景一变化，画面呈现的色调也会产生差别；甚至在同一个镜头中，因为光线的变化也会导致画面前半段曝光正常、后半段却曝光过度的现象。如果直接组接出现这种问题的镜头，会因为镜头曝光或色调不一致而产生跳跃感，而如果在两个镜头之间加一个叠化的转场效果，就能够明显地掩盖因镜头拍摄缺陷导致的剪辑痕迹。因为叠化的两个镜头之间有两到三秒的重叠，可以减弱镜头之间因为色调、曝光不一致等各种问题导致的视觉上的跳跃感，从而掩饰镜头缺陷。如图3-8所示，这两个镜头中，左图整体的曝光和亮度都存在问题，并且两个镜头拍摄的景别接近，因此，如果直接组接两个镜头，会由于景别、色调、曝光等原因显得比较突兀，但在镜头之间加一个叠化转场之后，镜头衔接突兀的问题会明显得到改善，两个画面便能很自然流畅地过渡。

↑ 图3-8　示例图

3. 弥补前期镜头拍摄不足

很多时候在后期编辑阶段，我们会发现在前期拍摄阶段，部分场景的镜头没有拍好或没有拍完整，没有按照"镜头成组"的原则进行拍摄，导致直接剪辑容易使镜头组接不流畅，而补拍又费时费力，我们也可能没有条件进行重新拍摄。这时就可以在两个镜头之间使用转场，例如淡入淡出、叠化、闪白、变暗等效果，将难以直接组接的两个镜头连接在一起，很好地弥补前期镜头没有拍好或拍摄不全的问题。

知识点

转场的作用

1. 增强场景切换的连贯性。

2. 掩饰镜头拍摄缺陷。

3. 弥补前期镜头拍摄不足。

● 技巧转场和无技巧转场

在视听语言的概念中，转场意味着空间的转换和时间的变化。也就是说，使用转场时，视频的画面内容和逻辑结构都会呈现一定程度的跳跃感，因此，需要使用一定的转场技巧使其连贯自然。转场的方法主要有两种，一种是用剪辑软件自带的一些特效手段做转场，我们称之为技巧转场；另一种则是利用镜头的特点，自然地进行场景过渡，我们称之为无技巧转场。

一、 技巧转场

1. 淡入淡出

淡入指的是一个画面由暗变亮到完全显现的过程，淡出则是指画面由亮变暗到完全隐没的过程。快慢和长短不同的淡入淡出在转场中所起的作用也是不一样的。一般情况下将这种转场方式设置为两秒，但转场的时间要短视频的情节、节奏以及剪辑点的位置而定。短视频节奏快的，转场可以设置得快一些，反之则慢一些。涉及大场景转换的转场时间可以慢一些，给人停顿感，让观众能够适应场景的转换，如图3-9所示。

↑ 视频范例3-7 淡入淡出
（拍摄：CUCTVS）

↑ 图3-9 淡入淡出转场效果图

2. 叠化

叠化是指两个镜头的交叉淡化，前后相邻的两个画面重叠在一起，具有画中画的效果，如图3-10所示。

叠化转场会有两个画面的重合，因而剪辑痕迹较为明显，但是如果使用得当，也能达到很好的视觉效果。叠化有速度快慢之分，快速叠化和慢速叠化所产生的情绪效果是不一样的。速度较慢的叠化，给人以平和、时间流逝之感，便于营造氛围。同时，叠化也有掩饰画面拍摄缺陷的作用。比如当出现镜头组接不流畅、画面拍摄质量不佳等问题时，我们就可以巧妙利用叠化掩盖镜头间的缺陷。

↑ 视频范例3-8　叠化（拍摄：常能嘉）

↑ 图3-10　叠化转场效果图

3. 其他技巧转场

大多数剪辑软件都内置有多种转场效果，可以实现"一键转场"。内置转场效果的使用绝不是多多益善，如果使用太频繁反而会显得过于刻意。下面为大家展示添加不同转场效果后的视频效果，其应用场景往往要根据视频的类型和特点来决定，如图3-11～图3-17所示。

↑ 图 3-11　原视频截图

↑ 图 3-12　翻页

↑ 图 3-13　居中

↑ 图 3-14　镜头眩光

↑ 图 3-15　倒影

↑ 图 3-16　百叶窗

↑ 图 3-17　擦除

二、 无技巧转场

技巧转场用起来方便、快捷，被称为"一键转场"，但会产生比较明显的剪辑痕迹。除了技巧转场之外，在后期编辑中也会经常使用无技巧转场。无技巧转场就是不使用淡入淡出、叠化等技术手段来连接镜头，而是利用镜头的特点，直接将镜头切入，运用合适的几个镜头自然转换场景和时空。下面介绍几种无技巧转场的方式。

1. 特写转场

特写转场指的是无论前一个镜头是什么景别，后一个镜头都以特写镜头为开场的转场方式。特写镜头强调的是人物或物体的局部，对于大环境的表现力较弱。利用特写镜头转场，观众不易发现场景的转换，从而能够实现视觉上的流畅性和一致性。例如前一个镜头是在家中吃饭的全景，下一个镜头是黑板擦的特写，自然地将场景从家里转换到了学校中。图3-18所示为获奖科技短视频《中国天眼"追星人"》的开场中，一组主人公使用天文望远镜的特写镜头截图，这些特写镜头给短视频开场增加了不少视觉冲击力。

↑ 视频范例3-9　特写转场
（拍摄：申皓文）

↑ 图3-18　特写镜头示例图（图源：短视频《中国天眼"追星人"》）

2. 声音转场

声音转场主要指的是利用视频中出现的音乐、对白或解说词等声音因素来实现场景的切换，主要方式是借声音的延续，也就是在需要转场的画面中提前加入下一个场景的声音，利用声音的吸引力弱化画面转换带来的跳跃感，从而实现转场。

↑ 视频范例3-10　声音转场
《"大国重器"挺起中国脊梁》
（编辑：常能嘉）

3. 遮挡转场

遮挡指的是画面内的某物体将镜头暂时挡住，形成纯黑画面。当镜头被遮挡时，观众看不到画面内容，这时视频创作者就可以切换镜头，转换场景或事件。在画面被完全遮挡时进行镜头切换，不会给观众带来太强烈的跳跃感，因而能自然实现场景转换。如图3-19所示，拍摄大妈们在公园里打牌，通过右移借助石柱将镜头完全遮挡，而后自然转换场景，衔接至在地上走动的小猫。这种转场方式能够制造视觉悬念，同时可以加快叙事节奏。

↑ 图3-19　示例图

转场的方式除了以上几种还有很多，比如利用相似体转场、主观镜头转场等。无论技巧转场还是无技巧转场，都需要结合画面具体表达的内容来进行选择。

↑ 视频范例3-11　遮挡转场
（拍摄：中央广播电视总台）

知识点

转场的基本方式

1. 技巧转场：淡入淡出、叠化、镜头眩光等。

2. 无技巧转场：特写转场、声音转场、遮挡转场等。

3.3 短视频制作的关键一步：声音处理

短视频中的声音因素主要包含人声、解说词、音乐、音响等方面。人声主要是短视频中人物的对话和旁白。解说词是配合短视频进行的起解释说明作用的文字。音响在短视频中通常指的是除了人声和音乐之外的一切声音。

● 声音的录制

随着智能手机的普及，短视频拍摄的门槛日益降低，人们几乎随手拿起手机就可以进行短视频的拍摄，并且现在大部分的智能手机都支持拍摄1080P的视频，甚至拍摄4K的高清画质。虽然画面的质量提高了，声音的录制问题却还是很多短视频的硬伤。由于拍摄环境或录制设备的限制，很多短视频的声音会有不清晰、底噪大、风噪大、环境音嘈杂等问题。那么该如何解决这些问题呢？除了可以使用前期拍摄时录制的现场声之外，还有哪些解决方案呢？

一、 使用后期配音

相较于使用专业的录音设备和配音演员的电影、宣传片、广告片等视频形式，普通的内容创作者在拍摄短视频的时候，往往因为各种条件的限制，通常都在短视频中使用自己录制的声音。声音的录制主要有两种方式，一种是同期声，也就是在拍摄视频的同时录制声音；另一种是后期配音，也就是在前期先拍摄画面，后期再根据画面内容进行声音的录制和匹配。无论是同期声还是后期配音，都有一定的优势和劣势，如表3-2所示。

表3-2　同期声和后期配音的优势和劣势

同期声	优势：更真实、声画同步、容易匹配情绪、后期压力小
	劣势：对录音设备以及环境的要求高、容易有噪声
后期配音	优势：声音清晰、便于修改
	劣势：声画容易不同步、情绪很难完全匹配

但很多时候，我们拍摄的短视频环境往往比较嘈杂，如果没有专业的收音设备，同期声会不清晰，并且有很大的底噪，而对声音进行后期降噪有一定的技术难度，并且容易导致失真。因此，最简单的方法就是对短视频进行后期配音。在短视频编辑阶段，如果是选择自己进行后期配音，需要注意以下几个问题：

（1）地点上，要选择安静的场所进行声音录制，最好是选择室内，尤其是录音棚；

（2）设备上，要选择自己能接受范围内最好的设备，要求不高的也可以使用手机或者小蜜蜂，如图3-20所示；

↑ 图3-20　利用手机拍摄或录音

（3）内容上，要尽可能熟悉配音的内容，录音时情绪丰富、饱满；

（4）后期处理上，要剪掉比较长的换气和卡壳的片段，降低噪声、增强人声。

二、使用变声或者机器配音

很多人在录制声音的时候，都会选择变声或者直接使用机器配音，例如使用Siri（苹果智能语音助手）的声音。很多短视频博主都会选择偏"萌"感的小孩子的声音给短视频配音，这些声音都是经过后期处理的。将声音变声处理能够增强短视频的节奏感和娱乐性。并且如果直接使用机器配音，则短视频创作者只需要输入文字，机器便可以把需要的台词讲出来，解决短视频创作者自己录制声音难的问题。那么该如何对短视频进行变声处理呢？其实很简单，市面上有很多手机软件都支持变声或者机器配音，接下来以剪映为例，为大家介绍如何利用手机软件变声和进行机器配音。

1. 变声

利用手机软件进行变声的操作比较简单。不过剪映无法将提前录制好的音频进行变声操作，而是需要在软件内进行声音录制后才能变声。

录制声音的具体操作如图3-21所示：第一步，打开剪映，选中需要添加音频的视频，并点击"添加"按钮；第二步，进入编辑页面后，选择"添加音频"选项；第三步，点击选择"录音"选项；第四步，长按红色的录音图标进行录音，录制结束后即可松开图标。

↑ 图3-21 剪映操作界面1

松开录音图标，声音录制完成之后会形成一条音轨，页面下方会出现"音量""淡化""分割""变声""删除"等选项；点击选择"变声"选项后，会出现"萝莉""大叔""男生""女生"和"怪物"五种音效的图标，点击不同的图标选择不同的音效，则可以添加不同的声音效果，如图3-22所示。

↑ 图 3-22　剪映操作界面 2

2. 机器配音

平时我们在抖音、快手等平台上的短视频中经常会听到一些配音不是人声，而是机器配音，而且很多短视频创作者使用的机器配音的声音效果都来自 Siri。那么，如何制作这种机器配音呢？其实很简单，机器配音只需要编写文字就可以制作，这给了很多没有专业录音设备或者表达能力不强的人制作短视频的机会。不过机器配音也存在一些缺点，机器配出来的声音没有感情，并且在断句方面也会存在一定的问题，需要短视频创作者在后期再进行剪辑。

↑ 图 3-23　剪映操作界面

使用剪映制作机器配音的具体操作很简单：首先，打开剪映，导入需要编辑的视频；其次，在主页下方点击选择"文本"选项，输入需要让机器配音的文字，输入完成之后视频编辑轨道上会出现一条文字轨道；最后，点击选择右下方的"文本朗读"选项，就可制作出机器配音了，如图 3-23 所示。

知识点

录制高质量短视频声音的方式

1. 使用合适的录制设备。

2. 使用后期配音的方法。

3. 使用变声或者机器配音。

● 背景音乐的选择

一、 如何选择合适的背景音乐

在大部分短视频的制作中，背景音乐是必不可少的元素，合适的背景音乐能够起到为短视频锦上添花的作用。但是短视频由于短时长的特性，需要背景音乐在极短的时间内吸引用户的关注，这就要求背景音乐不但要有"抓耳"的旋律，还需要有瞬间的听觉冲击力，给人留下深刻的印象。那么该如何为短视频选择合适的背景音乐呢？我们要从以下几个维度去考虑。

1. 选择与短视频风格和使用场景相契合的背景音乐

创作者在拍摄短视频之初就应该策划好拍摄的内容、主题和风格，确定短视频的基本情绪基调，再选择相应的背景音乐。例如拍摄搞笑风格的短视频，选择的背景音乐就不能太抒情、伤感（除非是特殊桥段的反转剧情）；拍摄治愈风格的短视频，选择的背景音乐也不宜过度活泼、欢快。

短视频制作中，不同的使用场景也需要尽量匹配不同风格的背景音乐，让背景音乐和画面更和谐地融为一体。例如拍摄风景时，更适合选择大气磅礴的管弦乐；拍摄赛车时，则更适合选择节奏感强的摇滚乐；拍摄人物时，则更适合选择可爱活泼的背景音乐。

↑ 图3-24 示例图（拍摄：常能嘉）

2. 选择与短视频节奏相契合的背景音乐

背景音乐的节奏若能与短视频的节奏相契合，则会极大地增强短视频的律动感。创作者可以先将短视频进行简单粗剪，再根据粗剪后的短视频寻找相应节奏的背景音乐。背景音乐的常见节拍有2/4拍、3/4拍、4/4拍和8/4拍，不同节拍的背景音乐风格给人的感受是不一样的，这在短视频中也一样。如果短视频中长镜头较多，说明其节奏较慢，可以选择轻柔、舒缓的背景音乐；如果短视频中大部分都是快速切换的短镜头，则其整体节奏是相对较快的，应选择活泼、轻快的背景音乐。

↑ 视频范例3-12 与短视频节奏相契合（编辑：常能嘉）

3."万能选择"——纯背景音乐

新手在制作短视频时，如果不知道该如何选择背景音乐，那么可以尽量选择纯背景音乐。纯背景音乐没有歌词，一般来说不会对短视频本身的内容产生太大的影响。其实这也是短视频在选择背景音乐时的一条原则——不能让背景音乐抢了短视频本身内容的风头。对于一条短视频而言，背景音乐应该是锦上添花的，而不是喧宾夺主的。尤其当短视频中的角色讲话的时候，最好是使用纯背景音乐，因为有歌词的背景音乐容易让观众分心，使其专注于歌词的内容而不是短视频本身。

选择背景音乐对于很多短视频创作者而言是一件非常头疼的事情，要其在成千上万的背景音乐库中选到合适的背景音乐实属不易。但为短视频选择背景音乐也是一个由困难到简单的过程，选择背景音乐是一件很主观的事情，它没有套路和固定的标准。只要创作者多听、多看、多模仿、多学习，分析别人优秀的短视频背景音乐技巧，同时积累自己的背景音乐素材库，便能达到很好的背景音乐效果。

知识点

短视频如何选择背景音乐

1. 选择与短视频风格和使用场景相契合的背景音乐。

2. 选择与短视频的节奏相契合的背景音乐。

3. "万能选择"——纯背景音乐。

二、 背景音乐的版权问题

背景音乐在短视频创作中的作用越来越大，甚至和短视频内容本身同样重要，几乎在所有短视频中我们都可以听到背景音乐。随着短视频创作队伍的日益壮大，背景音乐的版权问题逐渐成为所有短视频创作者需要重视并且亟待解决的问题。

1. 选择短视频背景音乐时的版权误区

（1）未经授权使用有版权背景音乐

很多短视频创作者会认为自己使用的背景音乐只有几十秒，甚至十几秒，不需要获得版权授权。其实这是很多短视频创作者常陷入的误区。很多背景音乐是受到版权保护的，如果我们需要将某背景音乐作为短视频的背景音乐，并且将该短视频发布到互联网上传播，这种情况下，只要是使用有版权的背景音乐，那么创作者就需要提前获得背景音乐的相关使用权，而不能随意进行使用或改编。

（2）将在背景音乐软件上下载的背景音乐作为商用

很多短视频创作者会认为自己在背景音乐软件上付费下载的歌曲是有版权授权的，可以作为商用，其实这也是为短视频选择背景音乐时的一大误区。这些背景音乐软件所提供的收费下载或者免费试听等服务，都只能在其平台内使用，在获得版权授权之前，创作者不能随意商用。

（3）制作日常短视频时使用未授权背景音乐

这不但是短视频创作者，也是很多普通用户容易陷入的一个误区。短视频内容并不是判断你是否构成侵权的标准，只要未经授权使用背景音乐作为短视频的背景音乐并将短视频上传到网络，不管有没有从该短视频中获利，这种行为已经构成了侵权。但是像抖音、快手、微视等短视频平台内置了很多背景音乐，在这些平台上发布短视频可以用平台自带的背景音乐，而如果使用非平台方的背景音乐，将背景音乐上传到该平台，则有可能造成侵权。

知识点

选择短视频背景音乐时的版权误区

1. 未经授权使用有版权背景音乐。

2. 将在背景音乐软件上下载的背景音乐作为商用。

3. 制作日常短视频时使用未授权背景音乐。

---

2. 如何解决背景音乐的版权问题

（1）获得使用背景音乐的相关版权

一首完整的背景音乐作品的版权分别是由词版权、曲版权、录音版权以及表演者权益四个部分构成的，如果需要使用原版歌曲则需要同时获得以上四种版权的许可。如果只是用于翻唱，则只需获得使用背景音乐的词曲版权许可即可；如果需要将背景音乐作为短视频的背景音乐并在互联网上进行传播，则除了需要获得以上四种版权许可之外，还需要获得互联网信息传播权许可。

（2）使用无版权背景音乐

获得版权许可需要一笔不小的费用，但对于普通短视频创作者来说，也可以通过一些渠道获得已通过授权可免费使用的背景音乐，也就是我们常说的无版权背景音乐。这些背景音乐已经通过作者授权，不需要另外购买版权，并且很多是可以商用的。因此短视频创作者可以尽量选择这类无版权背景音乐作为短视频的背景音乐。网上有很多分享无版权背景音乐的网站以及资源，直接搜索就可以找到大量的无版权背景音乐库。

背景音乐版权正版化是大势所趋，无论是个人创作者还是MCN机构都需要重视起来，树立版权意识，在合理规范使用的基础上，进行更多的创意结合和演绎，这样才能推动整个短视频行业的合理、健康发展。

（3）使用原创背景音乐

短视频平台鼓励原创内容，也鼓励原创背景音乐，短视频创作者们可以使用原创背景音乐。其实，原创的短视频背景音乐并不是那么难以企及的，市面上也有很多用于制作背景音乐的软件，简单易上手，创作者可以自己发挥想象的空间，自己完成简单的音效和旋律的创作。如若是专业的短视频创作团队，则可以请专业人士来为短视频背景音乐，这样成本相对也比较低，并且能够很大程度地避免背景音乐侵权的问题。

> **知识点**
>
> 如何解决音乐的版权问题
>
> 1. 购买使用音乐的相关版权。
>
> 2. 使用无版权音乐。
>
> 3. 使用原创音乐。

3.4 巧用滤镜与特效，做出大片效果

在手机视频的拍摄或者后期制作过程中，通常我们会使用拍摄软件或后期软件自带的滤镜，或者手机特效等功能，对视频的颜色、曝光、色调等进行调整和处理，让视频呈现出更好的效果。本节主要为大家介绍滤镜和特效的作用以及选择方法。

● 滤镜的基本概念和作用

一、什么是滤镜

1. 滤镜和滤光镜

滤光镜通常简称为滤镜，英文表述为filter，是在传统的胶片摄影时代中应用最广泛的摄影配件之一，如图3-25所示，在数码单反照相机中也有广泛的应用。滤光镜通过对射入镜头光线的处理，改善人们对照片的观感。滤光镜的种类繁多，按照用途可分为滤色镜、偏振镜、柔光镜、特殊效果镜等。到了数字摄影时代，滤镜被广泛应用于图片及视频后期处理软件中，如Photoshop、Final Cut Pro等，具有更多

↑ 图3-25 传统摄影所使用的滤镜

元的功能和效果。并且，由于短视频创作短、平、快的特点，滤镜的使用更为重要和关键。

2. 滤镜的基本概念

本书中所讲述的滤镜主要是指应用于视频的滤镜效果，这种效果是由软件对图像进行的数字化处理来实现的。在实际的短视频拍摄当中，我们所说的滤镜实际上属于调色的范畴，从原理上来讲就是对色彩的调节，譬如颜色曲线、色彩通道等。滤镜可以应用于视频素材或者已经剪辑完成的视频片段，改变视频的外观和呈现的效果。

　　市面上很多软件都有为视频添加滤镜的功能，但在不同软件中，这一功能的使用方法有所不同。例如达芬奇一类的专业调色软件，需要使用"色彩通道""色彩曲线"等功能，操作相对比较复杂；在一般的剪辑软件，如爱剪辑中，通过视频美化的功能键就能实现添加滤镜的效果。当然更多的还是手机应用商店里各种各样的视频编辑软件，如剪映、VSCO、Snapseed等主流App，都能实现一键添加滤镜。大多数短视频平台，如抖音、快手等，大多在视频拍摄阶段就可以实现自带滤镜拍摄。不同的滤镜能让短视频呈现出不同的视觉效果和风格，为短视频增加创意和趣味，使其显得更加专业。

二、 滤镜的作用

　　随着短视频的快速发展，很多人会认为这类具有短、平、快特点的短视频就是UGC创作者的产物，它不需要好的声音质量和画面效果。但其实恰恰相反，正是因为短视频平台充斥着太多声画质量低劣的短视频，提升视听语言质量才是短视频创作者需要学习的方向和实现的目标。短视频和电影一样，都是由动态的视频画面组接而成，由画面、同期声、音乐音效等基本元素构成。画面的呈现效果对于短视频来说是非常重要的，短视频创作者要想让视频画面有更佳的呈现效果，除了在拍摄硬件上使用更好的设备之外，就是在后期软件上进行调色，也就是为短视频添加与内容风格相匹配的滤镜。为短视频添加滤镜主要有以下几个方面的作用。

1. 让短视频更有"电影感"

　　随着短视频社交平台的崛起，各种各样的短视频层出不穷。为了使自己制作的短视频脱颖而出，就需要制作出更"高大上"的短视频。那么如何才能让制作的短视频看起来更加"高大上"？最通俗简单的做法就是让拍摄的短视频画面有"电影感"。对于大众来说，拍摄短视频时没有摄影机、没有专业的美术布景与灯光，可能只有一部手机。这种情况下，让短视频具备电影质感，最为关键和有效的一步就是为短视频添加滤镜。在添加滤镜、改变画幅之后，短视频会变得更加有"电影感"，如图3-26所示。

↑ 图3-26　添加滤镜让短视频更有"电影感"

2. 掩饰拍摄不足，增强短视频美感

和长视频不同，短视频的创作者主要以UGC创作者与PUGC创作者为主，真正的PGC创作者较少。所以大部分短视频的制作都会受到时间、经费、人员等各种因素的限制和影响，导致拍摄的短视频画面出现光线不足、色彩不理想等问题。这种情况下，创作者采用后期为短视频添加滤镜的方法，调整短视频亮度、色彩，弥补和掩饰拍摄过程中的画面不足，增加视频美感，更好地提升整体短视频的最终呈现效果。图3-27所示为未添加滤镜前的画面效果，明显存在曝光过度、色温偏黄等问题；图3-28所示为添加滤镜后的画面效果，原先出现的问题被很好地掩盖了。

↑ 图3-27 添加滤镜前　　　　　　　　　　↑ 图3-28 添加滤镜后

3. 提升质感，改变短视频风格

和电影一样，短视频内容也能有属于自己的风格，例如搞笑、纪实、唯美、日系等。如果不对短视频调色，直接拍摄出来的画面风格很难达到理想的效果。但是短视频调色对于很多人来说是比较难把握的技能，因此直接使用软件自带的滤镜是最简单快速的办法。软件中，黑白、日系、唯美、复古等不同风格的滤镜能帮助短视频更好地呈现出预设的理想效果。图3-29所示为给短视频添加复古风格滤镜之后呈现的效果；图3-30为给视频添加唯美风格滤镜之后呈现的效果。图3-31和图3-32所示为手绘风格与纪实风格呈现的效果。

↑ 图3-29 复古风格　　　　　　　　　　↑ 图3-30 唯美风格

↑ 图3-31　手绘风格

↑ 图3-32　纪实风格

知识点

为短视频添加滤镜的作用

1. 让短视频更有"电影感"。

2. 掩饰拍摄不足，增强短视频美感。

3. 提升质感，改变短视频风格。

● 滤镜的选择和使用

　　同样的短视频加上不同风格的滤镜会呈现出不同的效果，市面上很多短视频编辑软件都内置有不同风格的滤镜。对于不同的拍摄场景，要有意识地选择最合适当下场景的风格滤镜，这样才能使短视频有更好的呈现效果。那么该如何选择不同风格的滤镜？不同风格的滤镜分别适合什么样的拍摄场景？接下来本书会以当下较为热门的两款短视频编辑软件Videoleap和VSCO为例介绍滤镜的选择和使用。

一、Videoleap

　　Videoleap是一款手机视频拍摄和美化的应用软件，可以帮助用户在手机上快速拍摄并编辑出一段拥有电影质感的优质短片，如图3-33所示。

　　Videoleap的滤镜丰富，创作性很强。除了一键添加108款滤镜效果之外，还可以直接对滤镜的强度等参数进行调节，设置滤镜的关键帧以及出现和退出的动画效果、叠加滤镜等，能让你的视频一秒拥有媲美电影的大片感觉。除了滤镜之外，Videoleap也支持当下主流的16∶9电影画幅，还有包括竖屏、超宽荧幕、正方形等多种画幅供选择。使用电影画幅搭配合适的滤镜，可以快速增强短视频的电影质感。

↑ 图3-33　Videoleap App

1. 操作方法

第一步，打开Videoleap，点击"添加媒体"按钮，导入视频，如图3-34左图所示。

第二步，点击滤镜控件，选择添加滤镜，如图3-34中图所示。

第三步，点击滤镜中的预设控件，会出现App内所有内置预设镜，点击选择合适的滤镜即可应用。滤镜上方的滑动条可以自由选择滤镜的"强度"，点击滑动条右边可以进行添加、删除关键帧操作，如图3-34右图所示。

↑ 图3-34　Videoleap 操作界面1

2. Videoleap常用滤镜效果介绍

V系列滤镜

　　色调分析：整体偏冷调，亮部偏蓝，亮度和对比度较低，颜色较暗，给人以清冷、萧条之感。

　　适用场景：适合大部分以蓝色、绿色、紫色等冷色调为主色系的场景拍摄。

↑ 图3-35　V系列滤镜效果

S系列滤镜

　　色调分析：整体偏暖调，亮部偏黄，对比度较低，颜色柔和，给人以舒适、温馨的感觉。

　　适用场景：适用于大部分以黄色、红色、橙色等暖色调为主的景物，也适合拍摄复古风格的人物。

↑ 图3-36　S系列滤镜效果

N系列滤镜

色调分析： 色调以暖调为主，亮部偏黄，暗部偏绿，对比度较高。相较于V系列滤镜，N系列滤镜饱和度更高，亮部和暗部的光比较大。

适用场景： 适用于大部分以黄色、红色、橙色等暖色调为主的景物拍摄，也适合复古的场景拍摄。

↑ 图3-37　N系列滤镜效果

T系列滤镜

色调分析： 冷调偏绿，对比度、饱和度和亮度都比较低，给人以清新的感觉。

适用场景： 适用于海边、森林等主色调偏蓝绿色的场景的拍摄。

↑ 图3-38　T系列滤镜效果

P系列滤镜

色调分析： 色调也是偏暖调，亮部偏黄，暗部偏红，对比度高，亮度低，画面颗粒感较强。

适用场景： 适用于大部场景和人物的拍摄，有怀旧复古的感觉。

↑ 图3-39　P系列滤镜效果

二、VSCO

　　爱好手机摄影的人肯定听说过VSCO，用户可以用VSCO为照片添加滤镜，也可以对照片进行调色、裁剪等操作，如图3-40所示。现在，VSCO不仅能用来修图，也可以用于处理视频。和处理照片的方法类似，VSCO的视频编辑同样支持添加滤镜、修正参数等操作。接下来为大家介绍用VSCO为视频添加滤镜的具体操作方法以及VSCO内置滤镜的使用效果和参数调整。

1. 操作方法

　　第一步，打开VSCO，点击选框，点击"添加图片"选项如图3-41左图所示。

　　第二步，点击"视频"选项导入一段需要后期处理的视频，选中视频后点击"编辑视频"选项，如图3-41右图所示。

↑ 图3-40　VCSO

第三步，点击滤镜选项，自行选择与视频内容相匹配的滤镜，如图3-42左图所示。

第四步，如对滤镜效果不满意，可点击选框，自定义调整颜色，如图3-42右图所示。

第五步，点击"下一个"选项，导出视频，保存并发布。

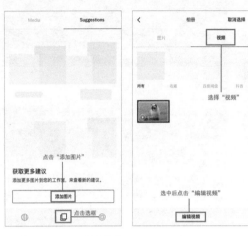

↑ 图3-41　VSCO操作界面1　　　　　↑ 图3-42　VSCO操作界面2

2. 滤镜介绍

VSCO视频编辑功能相较于照片编辑功能增加了更多的滤镜选择，并且将不同的滤镜风格进行了分类，主要分为以下几类：暖调、冷调、活力、黑白、肖像、自然和都市。用户可以根据视频内容分类选择滤镜。下面分析VSCO的五种常用系列滤镜的优缺点，供大家参考选择。

（1）B系滤镜（见图3-43）

优点：黑白经典色调，保留白色亮部细节，在特殊的场景下运用可以获得不错的视觉效果。

缺点：黑白风格过于强烈，适应场景较少。

（2）C系滤镜（见图3-44）

优点：还原景物色彩，颜色鲜亮活泼，极具色彩表现力；色调上亮部偏红，暗部偏绿，适用于大部分场景，尤其适合日光森林和顺光人像的拍摄。

↑ 图3-43　B1滤镜效果对比图

↑ 图3-44　C1滤镜效果对比图

缺点：对比度太高，容易导致暗部过暗，缺少细节，亮部则容易过曝，影响整体效果。

（3）F系滤镜（见图3-45）

优点：色调以暖调为主，亮部偏黄，暗部偏绿，对比度较高；能展现出人物的活力，肤色的饱满明亮，适用于以人物为主的场景拍摄。

缺点：滤镜偏黄色暖调会导致人物肤色整体偏黄，不适合日系或者唯美风格的人物拍摄。

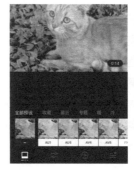

↑ 图3-45　F1滤镜效果对比图

（4）G系滤镜（见图3-46）

优点：饱和度低，色彩清淡，色调以冷调为主；亮部偏淡紫，暗部偏青蓝，对比度低，适合于日常生活风格的纪实场景，能够让画面更具质感。

缺点：由于滤镜的饱和度和对比度较低，如原视频画面整体偏暗，使用该滤镜会导致亮部容易显脏，尤其是人脸的皮肤会更加暗淡无光。

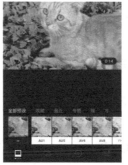

↑ 图3-46　G1滤镜效果对比图

（5）M系滤镜（见图3-47）

优点：M系滤镜偏复古风，饱和度和对比度低，是带有灰度的一种暗调；色调细腻柔和，能够呈现出特殊的复古风格，适用于城市风景的拍摄。

缺点：色调特殊，不适合大多数视频场景的拍摄。

↑ 图3-47　M1滤镜效果对比图

知识点

常见短视频滤镜风格的使用方法

1. 暖调滤镜：饱和度高，色彩还原度高，主要适用于以人物、美食为主的场景。

2. 冷调滤镜：饱和度和对比度相对较低，色调柔和细腻，主要适用于风景、唯美风格为主的场景。

3. 黑白滤镜：黑白经典色调，仅保留白色亮部细节，适用于特殊场景，适用场景较少。

● 滤镜使用进阶——自定义调色

单一的滤镜可能并不能完美地呈现视频的效果，还需要调整更多的细节。这时候可以进行进一步操作，对视频进行自定义调色。

自定义调色主要包括七项内容。

■ 曝光，可以理解为画面亮度，曝光数值越大，画面越亮，反之则越暗。

■ 色温，对色调起决定性作用。将色温数值调低，色调偏蓝，有清冷的效果；将数值调高，色调偏黄，给人以温暖的感受。

■ 偏色，让画面整体颜色偏绿或者偏紫，绿色更加复古，适用于森林绿树等场景，紫色更加清新时尚。

■ 对比度，降低对比度，画面明暗过渡更细腻，而提高对比度可以让画面亮部更亮、暗部更暗。

■ 褪色，有淡化画面颜色的效果，数值越大整体画面灰度会增加，有复古的效果。

■ 阴影补偿，调高数值可以提升画面暗部的亮度，而对高光区域影响较小；

■ 高光补偿，调高数值可以降低高光的亮度，同时降低对比度。

● 手机特效的基本概念与作用

一、 手机特效的基本概念

特效，通常指的是由计算机软件制作出的现实中一般不会出现的特殊效果，主要运用于影视制作当中。这里所讲的特效和我们平时常指的影视剧中的CG特效不同，主要涉及手机特效的领域，也就是通过手机软件所能达到的特殊效果，不需要短视频创作者具备过多的专业知识，上手方便快捷，适用于绝大多数非专业人士的了解和学习，可应用于短视频的制作当中。

二、 手机特效的作用

在过去，大家常说的特效主要是指运用在影视剧当中的特殊效果，制作难度高，专业性强。但随着智能手机的推广和短视频的风靡，很多手机软件都具备了制作特效的功能，甚至一键就可以为短视频添加特效。特效制作难度的降低，让各种以往可能只能出现在影视剧中的特效，出现在了我们日常拍摄的短视频中，甚至任何人只要拥有一部智能手机，就可以为自己拍摄的短视频增加特效，那么手机特效都有哪些作用呢？

1. 增加短视频趣味性

在观看抖音、快手等平台中的短视频的时候，我们会发现很多点赞量高的短视频都会使用特效，例如"分身""变脸""大头""漫画"等，让人眼花缭乱。大多数短视频平台会自带一些比较简单的特效，用户可以自行排列组合，在一条短视频里同时使用多种特效；也可以下载专业的制作特效的App，为自己的短视频添加特效。特效的使用可以让原本平淡无奇的短视频变得更加有趣。例如"漫画大头"特效可以放大头部，呈现漫画效果。"漫画大头"特效不是简单的漫画贴纸，该头像的眼神、表情都会随着人物的面部神态的变化发生变化。漫画头像配上可爱的声音，能让情感的表达更加强烈，自然也更有趣味，如图3-48所示。

↑ 图3-48 "漫画头像"特效

2. 实现短视频的差异化呈现

特效的使用能够让同类型的短视频内容有不一样的呈现方式和效果。例如同样是在唱歌类短视频中，除了真人露脸出镜之外，也可以使用一些头部或者表情特效，如抖音上很火的"漫画脸""可爱小猪头像"等，带来同样内容的差异化呈现。又如，在一些剧情向的短视频中，在合适的段落里加入"倍速""慢放"或者"分身"等特效也能带来不一样的视觉效果，如图3-49所示。

↑ 图3-49 表情特效

3. 增强短视频内容的表现力

在影视制作当中，内容的表现力主要通过演员以及色彩、音乐音响等方面来体现，而短视频由于其内容短、平、快的特点，要想增强内容表现力，除了增强基本的演员表演能力和音乐与内容的适配度之外，给短视频加上特效也是增强短视频表现力的重要方法。例如在表现人物情绪低落悲伤的时候，可以用"慢速"或者"心碎"的特效。

知识点

手机特效的作用

1. 增强短视频的趣味性。

2. 实现短视频的差异化呈现。

3. 增强短视频内容的表现力。

● 玩转三种常用手机特效

手机应用市场里，大部分短视频软件都自带添加特效的功能。例如抖音可以实现快、慢速转换，还内置了许多道具，点击"道具"按钮，就可以看到很多有意思的小道具。但是，如果想制作出更有意思、更与众不同的特效效果，就需要借助一些专门的特效软件来进行制作。下面以剪映为例，给大家介绍三种常用手机特效的制作方法。剪映是抖音官方推出的一款手机短视频编辑应用，带有多种剪辑功能，内置基础、梦幻、光影、动感、纹理、复古、漫画、分屏、边框等多种特效预设。

一、　放大特效

在剪映中，放大特效内置于特效——基础特效中，该特效可以实现推动视频画面，达到放大某一局部物体的效果。如图3-50和图3-51所示，视频中拍摄的狗原本位于距拍摄者比较远的位置，在点击"渐渐放大"后，视频画面被推进，狗的形象被放大。放大特效可以丰富镜头景别，弥补拍摄景别过大或者过于单一的缺点。

具体操作如下。

第一步：打开剪映，点击"开始创作"按钮，上传需要编辑的视频，如图3-50左图所示。

第二步：点击选择底部"特效"选项，如图3-50右图所示。

第三步：选择"基础"特效选项，下滑找到"渐渐放大"特效选项，点击后可以直接在编辑的视频片段上进行预览，如图3-51所示。

第四步：确定特效使用的位置和时长，点击"导出"按钮即可。

↑　图3-50　剪映操作界面1　　　　　↑　图3-51　剪映操作界面2

二、 变速特效

变速特效是视频制作中比较常见的特效，主要有慢速变速、快速变速和曲线变速。在剪映中，视频变速特效的制作也十分简单。

第一步：点击"开始创作"按钮导入一段视频。如图3-52左图所示。

第二步：点击选择"剪辑"选项，如图3-52右图所示。

第三步：点击选择"变速"选项，如图3-53左图所示。

第四步：剪映有常规变速和曲线变速两种模式，常规变速可以理解为均匀

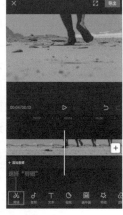

↑ 图3-52　剪映操作界面3

变速，即整段视频统一速度，如将速度调节选区的速度设置为2x，则整段视频内容的速度都会被加快两倍；曲线变速则是非匀速变速，即整段视频可以有不一样的播放速度，如快速‑慢速‑快速或者慢速‑快速‑慢速，如图3-53右图及图3-54所示。

第五步：选择自己需要的变速效果，再进行设置，最后导出视频即可。

↑ 视频范例3-13　变速特效
（拍摄：申皓文）

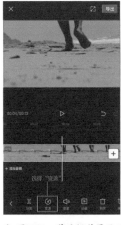

↑ 图3-53　剪映操作界面4

↑ 图3-54　剪映操作界面5

三、　分屏特效

分屏特效是比较常用的短视频特效之一，剪映的特效—分屏中，可以将视频分为两屏、三屏、四屏、六屏和九屏。

具体操作如图3-55所示。

第一步：点击"开始创作"按钮，选择需要编辑的视频并导入。

第二步：在页面底部的选项栏中选择"特效"选项。

第三步：将特效栏向左滑动，找到"分屏"选项并点击，会出现两屏、三屏、四屏、六屏等不同的特效，选择自己想要的特殊分屏效果后，点击右上角"导出"按钮即可。

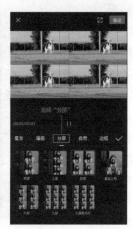

↑　图3-55　剪映操作界面6

3.5　优质的字幕是成功的一半

相比于长视频，短视频的时长较短，因此其叙事能力和表达故事等方面的能力要远远弱于长视频，而字幕作为短视频内容的一部分，它不仅能作为文字显示人物对话或旁白等非画面内容，还有帮助叙事、提升视频美观度以及增强趣味性等各方面的作用。优秀的字幕设计更能为短视频锦上添花，甚至可以说是"爆款"短视频成功的基础。

● 了解字幕的概念与作用

一、　字幕的概念

传统意义上的字幕指的是将视频内容中的人声，包括对话、旁白、解说词等以文字的方式呈现出来，通常出现在屏幕的下方，能够辅助观众理解视频内容；同时，视频中还会有一些用以说明人物、地名或者年代等的介绍性文字，这些都可以统称为字幕。

但在短视频当中，字幕的概念和表现形式都有所扩大。除了传统意义上的字幕之外，很多短视频还会使用一些对内容进行解释说明或者起到调侃作用的文字，这些文字通常是彩色的，一般使用比较可爱的卡通字体，偶尔会配上一些图案或者特效。这种文字我们一般称为"花字"，如图3-56所示。花字一般在综艺节目中比较常见，很多短视频也会采用花字的形式添加字幕。

↑ 图3-56　花字字幕效果示例图

二、 字幕的作用

1. 辅助观众理解短视频内容

视频中的人声会存在语音、语速、语调还有语言表达等方面的问题，如果没有字幕，有可能在一定程度上会给观众带来理解上的障碍，所以字幕能够辅助观众理解视频内容。此外，字幕也能用于翻译外语，如果视频中的人声是外语，那么字幕就可以帮助大部分不理解外语的观众看懂视频的内容。

在短视频的制作中，字幕还有更多的应用。由于很多短视频平台是以短视频播出流的形式为用户进行短视频的推送，用户只要不喜欢某条短视频就可以迅速地划过。这也为短视频的制作带来了新的挑战，很多短视频创作者为了在尽可能短的时间内吸引用户的关注，往往会在短视频的最开头就用字幕的方式将短视频的主要内容用文字呈现出来。这样用户就能在短时间内了解这条短视频主要是讲什么的，自己是不是感兴趣，如果感兴趣，就会继续观看。例如图3-57中两条抖音短视频的封面，一开始就用字幕交代了整条视频的主要内容，这样感兴趣的用户就会接着往下看，不感兴趣的用户就会直接划走。这种添加字幕的方式极大地减少了用户获取信息的时间，符合短视频短、平、快的传播特点。

↑ 图3-57　字幕辅助理解短视频内容1

并且，随着剧情类短视频的发展，很多内容创作者会制作一些具有强剧情或者连续剧情的短视频内容。但由于时长的限制，短视频表现时间或者变换场景的方式是非常有限的，这时就可以通过添加字幕来表示时间的流转和场景的变化。一个镜头配上字幕，只需要短短几秒的时间，观众就可以很好地理解短视频表达的内容，这同时也为短视频表现更复杂的剧情故事带来了更多的可能性，如图3-58所示。

↑　图3-58　字幕辅助理解短视频内容2

2. 增加信息量的输出

短视频由于时长短，其信息量的输出是非常有限的。特别是随着抖音、快手、微视等短视频平台的兴起，如果一条短视频在开头几秒内吸引不了用户，则用户就会直接将短视频划走，继续观看下一条短视频。并且，随着人们接受信息的日益碎片化，用户更多会选择去看几十秒甚至十几秒长度的短视频，这也为短视频创作者如何在有限的时间内输出更多更有效的信息提出了挑战。

除了将短视频中的人声部分以文字方式呈现出来，字幕的内容更多是对短视频内容进行补充强调或者解释说明的。尤其是花字字幕在短视频的运用中更加广泛。合适的花字字幕可以起到强化某种情绪的作用。比如说在某个短视频画面中表现人物的疑惑，观众可能只能通过人物的表情或者说的话来感受人物的心理状态，但这时如果配上"我是谁？我在哪儿？我要干什么？"一类的花字字幕，则能够非常直观明了地突出人物的情绪，将不可视的人物的心理直接用可视化的文字表现出来。相较于用大段的对白或者镜头画面来表现人物的情绪，用字幕的方式直接呈现人物心理，既缩短了时间，同时也增加了信息量的输出，更适合短视频短、平、快的传播特点如图3-59所示。

↑　图3-59　字幕增加信息量的输出

3. 增强短视频的娱乐性

如果说传统的字幕样式是为了更好地辅助观众理解短视频内容，花字字幕的出现则更多地增强了短视频内容的娱乐效果。首先，花字字幕的呈现形态和标准字幕不同，后者通常规整、统一地出现在画面下方，花字字幕则不受位置、大小、样式以及出现的时间限制，它可以像弹幕一样根据短视频的内容偶尔出现，也可以根据镜头的运动而运动，还可以配合音乐的节奏产生律动；它突破了传统字幕呆板的形象，更加有趣。其次，花字字幕的内容之间没有连续性，它既可以是人物的内心独白，也可以是来自第三视角的"吐槽"，同时也可以是一些网络热词或者金句、段子，这些都极大地提升了短视频的娱乐性。

4. 修饰掩盖短视频构图不足

无论是横屏还是竖屏的画幅，都需要讲求一定的构图原则。但短视频的流行降低了短视频制作的门槛，很多非专业的用户也能自己制作一些非专业性的视频内容。没有经过专业训练的短视频创作者在构图方面可能稍显弱势，并且由于各种拍摄条件的限制，很难使每个画面的构图都能够十全十美。这种情况下，添加字幕能够在一定程度上起到修饰或者掩盖短视频构图不足的作用。动态性的字幕或者各式各样的花字字幕，可以安排在镜头画面的任意位置。如果说画面构图不好，有明显多余的空画面或者画面中有路人误入等情况，都可以利用字幕进行一定的遮挡和掩盖。并且，动态化的字幕还有各种样式、色彩的花字表情等，更容易吸引观众的眼球，使观众一定程度上忽略镜头本身存在的问题。

知识点

短视频字幕的作用

1. 辅助理解短视频内容。

2. 增加信息量的输出。

3. 增强短视频娱乐性。

4. 修饰掩盖短视频构图不足。

● 花字字幕的基本制作原则与运用方式

随着网络技术的发展和信息的日益碎片化，短视频这种信息呈现方式受到了很多人的追捧。当越来越多的普通用户、媒体、企业进入短视频领域，人们对于短视频制作的要求也越来越高，随便制作短视频就能火的时代已经一去不复返了，除了时长要求尽可能精短之外，对后期制作水平的要求也在逐渐提高。在后期制作当中，花字是一种比较特殊的字幕制作方式。相比于传统字幕，花字字幕显得有些"花里胡哨"，有点"不正经"，但恰到好处的花字字幕不仅能够给短视频锦上添花，还能让平淡的镜头画面变得更有趣味。

由于花字字幕的制作难度较传统字幕更高，目前短视频中对花字字幕的应用没有那么广泛。但是很多 PUGC 和 PGC 创作者都会有意识地在制作的短视频时加入花字字幕。花字字幕的广泛应用在未来可能也会成为短视频的一个发展方向。

一、 花字字幕的基本制作原则

字幕的制作有以下几个基本原则。首先是准确性，字幕应该还原人声所表述的内容，尽量避免出现错别字等低级错误；其次是一致性，字幕的内容和视频所陈述的内容应该是一致的，避免因字幕出现过快或者过慢导致文字与视频内容不匹配的情况；再次是清晰度，字幕的内容应完整呈现视频中出现的所有人声，包括旁白、对话、解说，以及所有可以辨别的人声；最后是可读性，字幕的长度应该根据具体表述的内容而定，不宜过短或者过长，并且需要具备一定的可读性，尽量避免一句话或者一个词语被拆分成两部分的情况。

二、花字字幕的运用方式

花字字幕在综艺中的运用很广泛，在短视频的制作当中，我们也可以适当学习综艺节目中使用花字的方式，以增强短视频的趣味性、娱乐性并增加信息量，从而制作出更优质的短视频作品。但是花字字幕和传统字幕的使用方式还是有一定差别的，花字字幕的内容不仅仅是将人声部分的内容用文字表现出来，花字字幕可以说是对视频内容的二次创作，需要利用创造性的文字对视频起到锦上添花、画龙点睛的作用。那么在短视频的制作中，如何更好地使用花字字幕呢？

1. 说明介绍性文字

这是最常见的添加花字字幕内容的方式，有点类似看图说话，即用一句话概括镜头画面的主要内容。例如一个美丽的女子穿着十分华丽的衣服朝镜头走来，就可以配上"女神登场"一类的花字文案；或者拍摄吃西瓜时，如果配上"夏天和西瓜更配哦"的字样，则能够画龙点睛，既增加画面的美观度，同时也增添趣味性，如图3-60所示。用介绍性的花字字幕帮助观众进行内容的解读，在增加画面信息量的同时也拉近了与观众之间的心理距离。

↑ 图3-60 说明介绍性文字

同时，花字字幕也可以用于人物介绍当中。短视频中出现的人物大多是观众不熟悉的，并且由于时长的限制，对于出现人物的性格特征难以用文字或者镜头画面展示得面面俱到。使用花字字幕则可以直接明了地表现人物特征，例如"追风少年×××""呆萌少女×××"等。这种"人设鲜明"的花字字幕，既对出现的人物进行了介绍，降低了观众对于人物的理解难度并减少了时间成本，同时这种"树立人设"的方式，也更容易让观众喜欢上短视频中呈现的人物，是打造"人设"IP的好办法。

2. 提示指向性文字

像抖音、快手这一类当下比较流行的短视频平台，对于短视频时长的要求往往更加严格。一分钟几乎就是用户能忍受短视频时长的最大限度了，特别是如果短视频内容不吸引人的话，则会被用户迅速划走，短视频的完播率也就大大降低了，那就很难再被推荐到更大的流量池中得到更多的曝光量了。因此作为短视频创作者而言，既要考虑短视频的时长问题，同时也要考虑到短视频呈现内容的完整性，因此很多细节内容或者交代前因后果的片段需要选择性删除。但如果没有了对内容有交代作用的片段，用户在观看短视频的时候就很容易难以理解短视频内容，这时就可以使用提示性的花字字幕，将短视频没有交代的内容用文字快速地呈现给观看的用户，辅助其理解。

↑ 图 3-61　提示指向性文字

如图 3-61 所示，画面的左上角和右上角分别是两个 logo，并且不断跳出"+1"的字样。如果单独看画面，观众肯定会觉得不知所云，但是，添加提示性的花字字幕"你和女朋友的聊天现状"之后，观众就可以迅速理解这条视频所要表达的含义。指向性的花字字幕除了能够辅助观众理解短视频内容外，也能够让观众知道短视频是什么风格类型的，使观众即使没有仔细看也能够明白短视频的大致内容，贴合短视频碎片化的创作特征。

3. 互动性文字

这一类的花字字幕有点类似弹幕，而这些花字字幕的内容主要也是互动性的，与短视频呈现的内容进行互动。社交性是很多短视频平台的特点，屏幕内外互动是能够吸引用户关注、评论、点赞的一种重要方式。相比在短视频发布的文案上设计内容，与用户互动之外，短视频画面上的互动性字幕往往更能吸引用户的关注。这些字幕直接表达了创作者的想法，用一

↑ 图 3-62　互动性文字视频截图

句网络金句来说就是"官方吐槽最为致命"，因此短视频内容互动花字字幕往往比评论更容易获得观众的心理认同，如图 3-62 所示。

4. 总结抒情性文字

很多短视频，尤其是抒情性的短视频中，在最后经常会附上一段总结性或者抒情性的文字内容。这类花字字幕往往是一段散文式的优美文字，再配上唯美的画面以及动人的背景音乐，能够渲染一种优雅、宁静的氛围，并且有一种淡淡的伤感情绪。这种花字字幕的使用方式对于文字的内容就有很高的要求，需要既给人以沁入心脾的感受，同时能够戳中用户的心理。甚至有一些短视频仅靠唯美画面配上花字字幕和背景音乐，就能够吸引用户的百万点赞，如图 3-63 所示。

↑ 图 3-63　总结抒情性文字

知识点

短视频花字的运用方式

1. 说明介绍性文字，简要概括短视频传达的内容。

2. 指向提示性文字，介绍短视频中没有直接传达的内容，辅助理解。

3. 互动性文字，与短视频内容进行互动。

4. 总结抒情性文字，传达短视频的主要信息，将短视频画面作为背景。

● 如何制作花字字幕

或许很多人会认为花字字幕的制作难度很高，普通的短视频创作者根本没有办法进行独立制作。其实，现在很多手机软件都自带花字效果，不需要特别复杂的操作就能够制作出花字字幕。

一、 文案

对于花字字幕而言，无论它的包装做得多花里胡哨，"字"才是核心所在。花字字幕的文案撰写是制作的第一步，而优质的文案绝对是花字字幕的重中之重。那么，如何才能写出优质文案呢？

1. 多看、多学、多分析

要想写出好文案，深厚的语言文字功底是必不可少的。花字字幕的风格和它的呈现样式一样，通常要求精简并且风趣幽默，达到金句频出的效果。这就对文案的制作提出了比较大的要求，需要创作者保持足够的"潮流度"，对"吃瓜""盘它""同样是腰间盘，为啥你就这么突出""C位出道""原地自萌"等网络热词金句需要有一定熟悉度。那么面对海量的信息，如何才能让自己的文案紧跟热点呢？创作者可以多看微博、B站、抖音等网络平台上流行的"段子"和"梗"，多关注在花字字幕做得比较好的短视频博主，多学习和借鉴，同时可以建立一个表情包素材库。很多流行表情包都自带有趣文案，可以将其保存或者记录下来，形成一个属于自己的花字文案库，让花字文案紧跟热点。文案能力的提升不是一蹴而就的，而需要厚积薄发，长期积累、学习。创作者要多看、多学、多分析优秀花字文案，在不断的学习过程中形成属于自己的风格。

2. 要从"创作者"的角色当中跳出来

虽然后期制作是主观性很强的工作，但花字文案的撰写却要求创作者从自己的角色中跳出来，站在广大用户的角度进行判断。很多你自认为很有趣的话语或者所谓的"梗"，可能站在用户的角度来看却是无趣甚至毫无笑点的。所以花字文案创作者应尽量从自己的角色中跳出来，选择已经在网络上流行的，大众都认可并且能理解的文字表达。在创作一版花字文案之后，可以先让自己站在观众的角度看一看文案是否有趣；也可以问问身边的朋友，及时修改表达不恰当的文字。将别人的意见与自己的思路汇总，更能提升自己的花字文案水平。

二、花字包装制作

从制作角度来说，花字字幕是由文案、样式、排版、包装、动画、音效几个部分构成的，想要系统地从0到1学习制作花字字幕是比较困难的，但是现在市面上很多手机软件都自带花字特效，省略了样式、排版等步骤，创作者只要修改一下文字，就能制作出自己想要的花字效果。下面给大家介绍几款可以制作花字字幕的App以及它们的操作方法。

1. 剪映

如图3-64和图3-65所示，打开剪映，点击"开始创作"按钮，选择需要制作的视频，点击"添加"按钮。进入制作界面之后，点击选择"文本"选项，会出现"新建文本""识别字幕""识别歌词""添加贴纸"等选项，根据自己的需求进行选择即可；如果是进行花字制作，可以先选择"新建文本"选项，如图3-66所示。

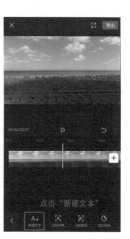

↑ 图3-64　剪映操作界面1　↑ 图3-65　剪映操作界面2　↑ 图3-66　剪映操作界面3

点击"新建文本"选项之后，会出现一个文本框，可以在文本框里输入想要制作的文案。输入文案后，在"键盘"选项的右侧，有"样式""花字""气泡""动画"几个选项。点击"样式"选项，可以修改文本框中文字的字体、颜色和字体描边等；点击"花字"选项，可以直接修改文字的样式，如图3-67所示。剪映目前内设有158种不同颜色和风格的花字样式，创作者们可以自行选择最适合所创作短视频风格的花字样式。

确定好花字的内容和样式之后，如果不需要添加包装或动画，则可以直接点击右上角的"导出"按钮。如果还想对花字进行一些适当的包装，可以点击"气泡"选项，如图3-68左图所示。这个气泡可以理解为装文字的"容器"，选择自己喜欢的"气泡"并添加，花字就会出现在气泡效果里面，非常方便。目前剪映内置多达335个文字气泡，各种类型和风格一应俱全，可以满足短视频创作者多元化的创作需求。

动画是设置花字字幕的动态效果，有"入场动画""出场动画"和"循环动画"，如图3-68右图所示。入场动画有包括打字、缩放、渐显等常见的25种方式，出场动画有22种方式，循环动画有15种方式。创作者可以根据自己的需求调整文字入场以及出场的时间和方式。需要注意的是，动画设置的出入场效果和循环效果只是针对文字而言的，对有着文字"容器"功能的气泡不起作用。

↑ 图3-67 剪映操作界面4　　　　　　　　↑ 图3-68 剪映操作界面5

除了选择"新建文本"可以自制花字字幕之外，还可以在"文本"的界面选择"添加贴纸"选项，如图3-69所示，里面有很多表情、手势、符号等各种各样的贴纸，可以美化字幕和短视频。同时软件自带的综艺花字贴纸和文字贴纸也可以直接充当花字字幕使用，非常方便快捷，如图3-70、图3-71所示。

↑ 图3-69 剪映操作界面6

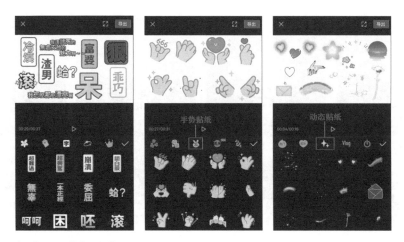

↑ 图 3-70　花字贴纸展示 1

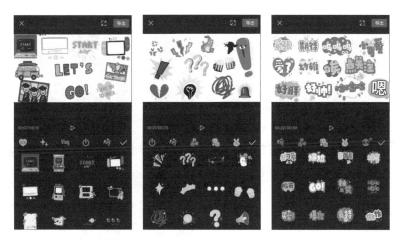

↑ 图 3-71　花字贴纸展示 2

　　除了以上操作之外，关于花字字幕的制作还有非常重要的一点就是音效的设置。音效对于花字字幕的作用也是十分大的。首先，合适的音效可以让花字的入场和出场更加自然、不突兀；其次，合适的音效能给字幕起到锦上添花的作用，搭配了音效的花字会更加生动、有趣；除了能和花字字幕配合，音效还可以和背景音乐配合，起到渲染特定情绪和氛围的作用。

　　剪映也自带多款特殊音效。打开剪映 App，点击"开始创作"按钮，导入视频进入编辑页面之后，点击"音频"选项。面对"音乐""音效""提取音乐""抖音收藏""录音"几个选项，创作者可以先根据自己的需求选择"音效"选项，如图 3-72 所示。此时可以看见有"综艺""笑声""BGM""机械""人声"等不同的音效分类，每个分类下都会有十几种、几十种相对应的声音效果，可以满足大部分短视频创作者的需求，创作者可以根据实际创作需求自行选择最合适的音效，如图 3-73 所示。

↑ 图3-72　剪映操作界面7　　　　　↑ 图3-73　剪映操作界面8

2. 快影

快影是北京快手科技有限公司旗下的一款简单易用的视频拍摄和编辑工具，也可以用于制作花字字幕，具体操作如下。

首先打开快影，点击"剪辑"按钮，选择"视频"选项，并导入需要编辑的视频片段后，点击"完成"按钮，如图3-74所示。快影可支持同时导入多条视频片段进行编辑。

接下来是花字制作，进入编辑页面后，选择最右边的"字幕"选项后会出现"语音转字幕""加字幕""文字贴纸"选项，我们先选择"加字幕"选项，如图3-75所示。选择"加字幕"选项后会出现以下几个选项：第一个是"键盘"，直接在方框里输入自己想要制作的文字即可；第二个是"花字"，相比于剪映，快影内置的花字效果比较少，选择余地很小；第三个是"字体"，主要有中文字体和英文字体的不同选择；第四个是"样式"，可以调节字符的描边、阴影和背景。这里的操作如图3-76所示。

↑ 图3-74　快影操作界面1

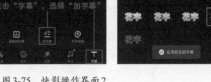

↑ 图3-75　快影操作界面2

最后是花字字幕的包装，快影内置的气泡样式很少，可供选择的空间也比较小，不推荐使用，如图3-77所示。但快影内置素材贴纸的样式却十分丰富。我们可以回到主页，选择"素材"选项，选择"贴纸"选项，这时就会出现二十多种不同风格类型的贴纸，每个类型下差不多都会有几十个、上百个不同的贴纸可供选择，如图3-78所示。其中也有花字类型的贴纸，如果制作的功能没办法实现想要的花字效果，也可以在贴纸当中进行选择，如图3-79所示。

↑ 图 3-76　快影操作界面3

↑ 图 3-77　快影操作界面4

↑ 图 3-78　文字贴纸样式展示1

↑ 图 3-79　文字贴纸样式展示2

3. 印象

印象源于老牌摄影杂志《印象》，是一款集摄影、录像和后期编辑于一身的强大App。尤其是在后期编辑这块，它的滤镜和花字制作功能都令人非常惊喜。这里主要给大家介绍的是印象制作花字字幕的方法。

第一步，打开印象，点击"创作"按钮，选择"视频剪辑"，选中需要进行编辑的视频后点击"下一步"按钮，如图3-80所示。

第二步，选择"文字工具"选项，点击进入后会显示四种文字类型——"字幕""水印""智能""创意"，如图3-81所示。

点击"字幕"后，底部会显示不同类型和风格的字幕类型可供选择，有中文和中英文字幕等。选定一款字幕类型后，点击右上角图标即可进入文字编辑页面。将系统自带

↑ 图3-80 印象操作界面1

↑ 图3-81 印象操作界面2

的文字删除，替换上自己想写的文字即可，如图3-82所示。

↑ 图3-82 印象操作界面3

除了"字幕"之外，还可以选择"水印""智能"和"创意"选项，每个选项下都自带十几种，甚至几十种不同风格的文字。这些文字和花字的样式有些许不同，但也能起到花字的作用，并且能让短视频看起来更加"高大上"、有质感。选择"创意"选项，再点击右边的控件可以查看更多的创意风格的文字，如图3-83所示。创作者可以根据自己的创作需求自行下载。

↑ 图3-83 印象操作界面4

"水印"的选项下目前内设包括"#VLOG""好物""舌尖上的大片"等在内的37种类型的花字字幕，如图3-84左图所示。每种类型下都会有多种不同风格的字幕，但部分字幕类型的下载有付费要求。

"创意"选项下目前设有包括"印象美学""食物语""生活无畏""壹城壹味"等在内的20种类型的花字字幕如图3-84右图所示，每种类型下都会有多种不同风格的字幕，但部分字幕类型的下载有付费等要求。"水印"与"创意"选项下的花字字幕效果如图3-85和图3-86所示。

↑ 图3-84　印象操作界面5

↑ 图3-85　印象花字效果图1

↑　图3-86　印象花字效果图 2

3.6 五款常用手机短视频编辑App：轻松做出"爆款"短视频

　　智能手机的普及降低了短视频拍摄制作的门槛，几乎人人都有机会成为短视频创作者。近年来，随着快手、抖音、微视等手机短视频平台的发展成熟，短视频也成为当下社会重要的传播媒介之一，在我们的生活中发挥着越来越重要的作用。手机有着方便携带的优势，能随时随地进行拍摄，并且大部分手机都支持拍摄1080P的视频甚至具备4K的拍摄画质，这种清晰度对于短视频拍摄来说已经够了。并且在手机应用市场，也有大量可以进行拍摄和后期编辑的软件，它们操作方便、快捷，能大幅度提升短视频制作的效率。下面就为大家介绍目前市面上比较常用的几款手机短视频编辑软件，分析这些软件的特点以及不同的功能优势。

● 剪映—— 功能强大且齐全

一、 剪映简介 （见图3-87）

说到主流的手机编辑软件，就不能不提到剪映。剪映是一款功能非常强大且齐全的手机编辑软件，它是抖音官方的后期软件，在剪映上编辑的视频可以一键分享到抖音。前文也介绍了利用剪映添加滤镜、制作变声、进行机器配音以及制作花字字幕的方法。作为一款编辑软件，它还有很多其他的特色功能。

剪映 - 轻而易剪
全能剪辑神器
★★★★★ 317万
打开

↑ 图3-87　剪映下载界面

二、 剪映的功能

（1）切割：可以快速且自由地分割视频，一键剪切视频。

（2）变速：可0.2倍至4倍调整视频速度，自由掌控节奏快慢。

（3）倒放：可倒叙播放视频，呈现时间倒流的感觉。

（4）画布：可设置视频画面比例，切换多种画面比例和背景颜色。

（5）转场：支持叠化、分屏、闪白等多种技巧转场。

（6）贴纸：支持视频贴纸，内置多种设计手绘样式，让视频更加丰富。

（7）字体：可设置字体，可挑选多种风格样式。

（8）语音转字幕：可以自动识别语音，给视频添加字幕。

（9）曲库：音乐曲库众多，并且可以使用抖音歌曲。

（10）变声：拥有"萝莉""大叔""怪物"等变声特效。

（11）画面调节：具有多种画面色彩调节选项，可调出不同的视频色彩。

（12）滤镜：具有多种专业的风格滤镜，实现大片效果。

（13）美颜：可智能识别脸型，定制专属美颜效果。

三、 剪映的特色

剪映是抖音官方软件，可使用抖音账号直接登录，并且剪映拥有抖音的大量音乐素材，可实时更新抖音软件上的热门歌曲，还可以一键将视频分享至抖音。软件的编辑页面简洁明了，功能操作简单，新手也能快速上手，基础的切割、变速、倒放、贴纸和字体等功能均可以自定义，可操作空间大。并且剪映也内置多种风格滤镜以及美颜效果，让普通用户也能拍出大片效果。

● 快剪辑——边看边剪更方便

一、 快剪辑简介 （见图3-88）

快剪辑是国内较早支持在线视频剪辑的软件，拥有强大的视频录制、视频合成、视频截取等功能，支持添加视频字幕、音乐、特效、贴纸等，无强制片头片尾。

↑ 图3-88 快剪辑下载界面

二、 快剪辑的功能

（1）视频剪辑：强大的剪辑功能，能剪切到0.1秒，进行剪辑拼接。

（2）片头特效：经常更新各种特效，可随意挑选。

（3）背景音乐：音质清晰，流畅不卡顿，可呈现电影级后期配音。

（4）字幕添加：搞笑表情配上字幕使视频更有趣味。

（5）封面挑选：可以给视频配上一张吸引人的封面，增加曝光率。

三、 快剪辑的特色

快剪辑的滤镜和特效丰富，视频模板数量多且更新速度快，可以一键制作当下热门的短视频风格，视频资源收集方便，可以直接录制视频。快剪辑最大的亮点是可以边看边剪。软件自带教程，适合新手学习。

● 快影——操作简单易上手

一、 快影简介 （见图3-89）

快影是快手旗下的一款简单易上手的视频制作软件，有强大的剪辑功能和丰富的音乐、音效，可以进行视频剪辑、字幕添加、特效制作、音频处理等，让用户能够轻松制作出优秀的视频作品。

快影-创作有趣的视频
快手官方视频剪辑神器
★★★★★ 64.5万

打开

↑ 图3-89　快影下载界面

二、 快影的功能

（1）切割：可自由分割视频，一键切割视频的任意部分。

（2）修剪：具备视频修剪功能，可剪掉视频两端不想要的视频画面。

（3）复制：具备一键复制功能，可复制多段视频。

（4）旋转：可修改作品方向，90°旋转视频或照片。

（5）拼接：通过添加视频可进行视频拼接，将多段视频合并成一个长视频。

（6）倒放：具备一键倒放功能，让作品实现"时光倒流"。

（7）变速：变速功能可以改变视频作品的节奏，其中慢动作最慢可达0.2倍速，快动作最快可达4倍速。

（8）比例：支持随意更改视频比例，例如4:3、1:1、16:9。

（9）滤镜：提供三十多款电影胶片级的精美滤镜，提升视频画质。

（10）音乐：内置大量音乐，可以添加多段音乐到视频作为背景音乐，增强作品表现力。

（11）音效：精心设置多种有趣的场景音效，可用于烘托不同场景的气氛。

（12）封面：可以给视频添加个性化的视频封面，提高视频曝光率。

（13）字幕：提供多种个性的字幕，可给视频添加多段字幕。

（14）导出：可一键导出高清作品到本地相册。

（15）分享：支持将十分钟视频直接上传至快手。

三、 快影的特色

快影是快手官方的剪辑软件，可将视频一键分享至快手，对于快手的用户来说非常方便。快影的编辑功能也比较齐全，倒放、变速、转场、滤镜、字幕、封面、音乐音效等一应俱全，比如可以自动识别语音生成字幕、制作动态文字视频等，操作简单，新手也能很快上手。

● InShot—— 视频图片皆可剪

一、 InShot 简介 （见图 3-90）

InShot是一款功能强大的手机视频、照片编辑软件，用户可根据自己的需求剪辑视频，并为视频添加音乐、特效、背景等，该软件还支持滤镜、贴纸、表情符号等功能。

InShot - Vlog视频编辑

轻松剪辑，用视频记录生活

★★★★★　121万

打开

↑ 图3-90　InShot下载界面

二、 InShot 的功能

（1）视频剪辑：可对视频内容进行切割、修剪、复制、合并等操作。

（2）视频幻灯片：可拼接多张照片制作视频幻灯片。

（3）调节视频速度：可0.2倍至4倍调整视频播放速度，改变视频节奏。

（4）转场效果：具备丰富的视频转场特效，过渡流畅。

（5）丰富的音乐和音效：内置多首流行音乐，各种风格，免费试用；还可自行添加音乐文件到手机使用，音效多样，趣味性强。

（6）视频边框：可以添加背景边框，可选择纯色、渐变色和模糊效果，视频可以在边框内移动或者放大、缩小。

（7）文本和动态表情符号：支持添加各种风格样式的文字，以及表情贴纸等还支持添加自己的照片。

（8）滤镜和特效：提供多种风格的滤镜以及动态视频特效，并且可对视频进行自定义色彩调节。

（9）输出和分享：支持高分辨率的视频输出，可一键分享至抖音、快手、微博等社交平台。

三、 InShot 的特色

InShot不但可以处理动态的视频影像，还可以修饰静态的照片，制作幻灯片和照片视频。虽然该软件是个"大杂烩"，但其重点还是视频编辑，支持视频修剪、合并、添加字幕，还可以添加音乐、转场、特效、音效等，操作简单易上手，并且内置多款滤镜，可以满足普通用户日常剪辑视频的需求。

● 巧影——横屏剪辑更传统

一、 巧影简介 （见图 3-91）

巧影是一款功能齐全的专业视频编辑软件，提供多图层功能，即用户可以在原视频上任意叠加视频、图片、文字、贴纸等。此外，巧影还为用户提供精准裁剪、色度键、多重音轨等多项专业编辑功能，让普通用户也能轻松地进行专业的视频编辑。

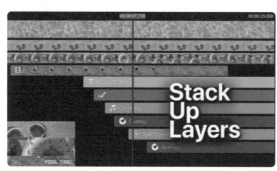

↑ 图3-91 巧影下载界面

二、 巧影的功能

（1）为剪辑中的视频、图像、贴纸、文字等提供多图层操作，丰富视频内容创意性强。

（2）可实现精细化逐帧修剪、拼接和切割。

（3）实时预览颜色调节效果，可调节亮度、对比度以及色度等参数。

（4）音量包络，在视频剪辑中可时刻对音量进行精准控制。

（5）可调节视频播放速度。

（6）内置丰富素材，为用户提供丰富的音乐、字体、贴纸、效果、转场、音效等素材。

（7）支持多层混音、曲线调音、一键变声等。

（8）支持多种分辨率的视频输出，如4K、1440P、1080P、720P等。

三、 巧影的特色

巧影的操作界面是横屏的，操作很方便，视频编辑的功能齐全，能进行精确到以帧为单位的实时剪裁，并且具备专业剪辑软件才有的画中画及关键帧等功能，不需要加载即刻就可以预览颜色调节效果。该软件定期更新音乐、字体、贴纸、特效、转场等素材库，可为用户提供更好的体验。

知识点

常用手机短视频编辑软件挑选指南

1. 剪映：操作简单，入门门槛低；功能强大且齐全，既适合新手入门，也可以用于较为专业的短视频剪辑。

2. 快剪辑：滤镜和特效丰富，视频模板数量多，适合短视频内容的快速产出。

3. 快影：操作简单易上手，适合新手入门；但专业功能较少，不适合较高质量的内容产出。

4. Inshot：图片和视频均可编辑，除了常规视频，还可以制作幻灯片和照片视频。

5. 快影：功能齐全，适应多轨道剪辑，可以进行较为复杂短视频内容的制作。

第 4 章

揭秘"爆款"短视频
背后的四大逻辑

4.1 从"做平台"开始

要想成为一名出色的短视频创作者，真正进入短视频这个行业并能有所发展，首先需要对短视频平台的规则有一定的了解，如表4-1所示。这里的规则不但指平台算法，还包括平台用户喜好度、平台支持内容等。大部分短视频平台都有一定的推荐机制，不同平台用户喜欢的内容方向和平台支持的内容方向也有一定的区别。

表4-1 主流移动社交短视频平台介绍

	定位	用户属性	广告语
抖音	专注年轻人的音乐短视频社区	年轻、时尚，多为一、二线城市的中产用户	"记录美好生活"
快手	记录和分享生活的短视频平台	低收入人群，多来自三、四线城市，真实热爱分享的群体	"拥抱每一种生活"
微视	专注为年轻人发现更有趣的事物的短视频社区	以大学生群体、职场群体为主	"发现更有趣"
B站	泛二次元文化社区，年轻人文化社区	二次元文化垂直类人群，以"90后""00后"为主力群体	"哔哩哔哩（ °-°）つ口干杯~"
好看	聚合类短视频平台	以三、四线城市用户为主，年龄层多样化	"分享美好，看见世界"

● 三大平台算法规则

当下的短视频平台主要可以分为三类，第一类是以"KDL"为中心的，像抖音、西瓜视频、B站等；第二类是具有强社交属性的，例如快手、即刻视频等；第三类主要作为功能插件，暂时没有形成一个完整并且可以变现的生态闭环，它们的流量主要从其他平台引入，如淘宝短视频、微视等。目前的短视频平台都有各自的算法机制，我们必须了解并利用其规则，才有机会让作品成为热门，获得更多关注。接下来主要以当下用户使用较多的短视频平台快手、抖音以及B站为例，分析这些平台的视频推荐机制。

一、快手的视频推荐机制

1. 快手智能分发机制

在新用户刚注册使用快手的"冷启动"阶段，系统首先会根据用户的注册资料、使用的手机型号以及所在地理位置等信息，对用户进行一个基本的用户画像分析。在用户浏览快手内的视频内容，有了一定的使用行为之后，系

↑ 图4-1 快手标识

统则会根据用户的行为偏好，如其点赞评论的大多是哪一类视频，为其推荐更精准的、符合其喜好的内容。如果用户开始制作并发布原创视频，系统则会对这条视频内容进行识别，将其分发给可能对这条视频内容感兴趣的相关用户。

2. "上热门"的关键点

快手的分发机制同样以视频的点赞量、评论量、转发量、完播率、"涨粉"量这几个数据为基础。换言之，只要视频数据表现好，达到快手算法机制对于数据的要求之后，就能获得相应的流量推荐。从这个角度上看，只要原创视频够好，能受平台内用户喜爱，无论粉丝数量多少，都有机会获得10w+的点赞量，获得上热门的机会。

在与发布视频相关的数据当中，最关键的两个数据是播放率和完播率。完播率高说明视频的内容质量好，用户能够"看完"视频；播放率高则说明观看视频的用户数量多。只有把握好这两个关键数据，作品才有更大的机会"上热门"。

3. 热度权重

在抖音等其他平台，系统往往会自动为每个用户推荐一系列的内容，这些内容的点赞量基本都在50万以上，百万级别的点赞量特别多。而打开快手，会发现首页推荐视频的点赞量相对来说比较少，最多也就几万、几十万，产生这种差距是因为快手算法的"热度权重"。

快手中的视频发布后，随着其热度提高，算法自然会为其分配更多的曝光量。但这个曝光量是有一定限度的，在热度达到一定阈值后，"热度权重"会择新去旧，降低其曝光量。这种算法机制一定程度上契合了快手的口号：拥抱每一种生活。快手为"大热门"视频的曝光量设定了上限，也就是说普通的内容创作者的视频也会有更多的机会获得用户的关注。

二、 抖音的视频推荐机制

1. 抖音智能分发机制

（1）基础分发

抖音的基础分发模式就是大众所熟知的流量池。一条视频发布出来，抖音会将其投入最小的流量池，曝光量为300~500。然后系统会分析该视频的点赞率、评论率、转发以及完播率等数据，如若数据好，则视频会被判定为优质视频，自动被投放到下一个流量池，获得更大的流量曝光。

（2）标签分发

标签分发是最常见的一种算法分发模式，根据用户的行为偏好向不同的用户推送不同类型的视频内容。这也是为什么我们在注册抖音号之初，能看到各种类型的视频内容推送，

↑ 图4-2 抖音电脑网页界面

但过段时间后推送的视频类型就开始变得单一。这是系统根据用户浏览视频的行为自动为用户打上了标签。例如用户在美食类的视频内容中停留的时间比较长，并且会有点赞、评论、转发等行为，系统就会认为该用户喜欢美食类的视频，并为其添加相应的标签，从而为该用户加大美食这一类视频的推荐。

（3）粉丝分发

顾名思义，粉丝分发模式就是系统会向用户的粉丝推送该用户发布的视频内容。例如在刷抖音主页的时候，我们经常会刷到一些视频，左下角写着"你的关注"字样。这也是抖音算法推荐机制的表现。粉丝越多的用户，其发布的视频就有机会被越多的用户看到。

要看到"你的关注"发布的视频，主要有以下三种方式，如图4-3所示。

找到"关注"列表，选择具体的账号，打开其主页即可查看视频。

在抖音主页的最上方，点击"关注"按钮，即可看到关注的人发布的视频，视频按照发布顺序排列。

自动推荐，就是前面所说的，在刷主页播出流的时候，有很大的概率会刷到自己关注的人发布的视频内容。

↑ 图4-3 如何看到"我关注的人"发布的视频

2."上热门"的关键点

抖音的分发机制决定了创作者的视频只有进入更大的流量池，才有机会获得更高的曝光量，从而成为"爆款"。因此想让视频"上热门"的关键在于让其进入更大的流量池，而流量池的影响因素主要取决于视频的完播率、点赞数、转发数、评论数以及账号活跃度等数据。只要视频的这几项数据表现好，并且视频内容没有违规，就有机会"上热门"。

3. 叠加推荐

叠加推荐也是抖音扶持优质视频的一种内容分发机制。新视频在发布之初都会有一定的播放量，如果说该视频在这个播放量之下，转发量以及其他数据达到一定的数值，系统就会自动判定其为受欢迎的内容，继而自动为内容加权，进行叠加推荐，继续增加播放量；如若数据还是很不错，则会接着累积推荐。所以一些一夜播放量达上百万、上千万的视频内容，实则是大数据算法叠加推荐的结果。当然系统自动的叠加推荐是有一定上限的，当到达一定的量级之后，视频就会进行人工审核阶段。

4．DOU+助推

DOU+是抖音为创作者提供的视频助推工具，通过购买使用可以将视频推送给更多目标用户，达到提升内容曝光的效果。抖音会给发布视频的用户提供一个初始流量池，

在流量池内的视频只有数据表现好，才有机会获得更高的曝光量，而DOU+的作用在于可以在短视频平台为视频获取初始流量池外的额外流量。DOU+助推不属于平台智能分发机制，只要创作者付费就能购买5000～10000000之间的流量，系统会在流量池之外，再继续将内容智能推荐给更多的用户。DOU+分为速推版和定向版两种，创作者可以根据自己不同的需求进行购买。但在使用DOU+推广时不能盲目，需要掌握使用的节奏，这样才能获得最佳效益。图4-4为DOU+购买界面。

↑ 图4-4　DOU+购买页面

三、　B站的视频推荐规则

1．内容标签化

如图4-5所示，进入B站的首页，点击分区，视频会按照生活、时尚、娱乐、影视等标签进行明确的分类，而每个分区内又会有二级区分。以生活区为例，其二级分区以搞笑、日常、美食圈、动物圈、手工等对视频进行了进一步标签化分类。

这些内容标签部分是由创作者（up主）设置的，创作者在上传视频的时候，除了要填写视频标题、上传封面之外，还需要选择视频的分区，填写视频标签、简介等。将视频进行分区以及按标签分类是创作者的视频能被目标用户群体看到的重要手段，所以创作者一定要根据自己的视频内容正确选择分区，选择标签时也要尽量选择与创作视频相关的、热门的标签。

2．用户标签化

和大多数短视频平台类似，B站也会根据用户的行为偏好为其推送相应的视频内容，如图4-6所示。首先是根据用户的历史播放记录推送，如果用户在某一类型的视频上停留时间长，系统会判定用户对该类型视频感兴趣，继而增加相关内容的推荐。此外，用户对于视频的点赞、投币、收藏等行为操作，也会反映其一定的喜好度，系统也会据此给用户打上相应的标签，从而为用户更精准地推送内容。其次是根据关注和订阅推送，在B站首页推荐里，系统会优先为用户推送其关注up主更新的视频内容。同时，用户关

↑ 图4-5 B站视频分区

注某一类型的up主越多，系统也会为其打上相应类型的标签。最后是根据身份信息推送，用户在注册B站时提供的一些信息也会成为系统为其打上标签的重要评判依据。

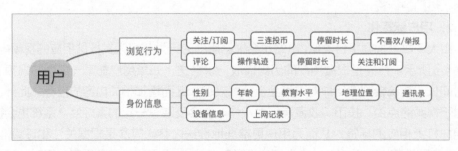

↑ 图4-6 用户标签获取

3. 协同推荐

当内容和用户都被分区和标签化之后，除了用户喜好度最高的某一分区之外，系统还会根据同样喜欢这一分区类型用户的行为偏好，找到和这些视频相似的视频并协同推荐给用户。例如用户A喜欢生活区视频，而同样喜欢生活区视频的其他用户对于娱乐区视频的喜好度也很高，那么系统除了给A推荐生活区视频之外，还会协同推荐娱乐区的视频内容，这是根据相同群体的内容喜好度进行推荐的。

因此，B站的推荐系统不局限于用户已有的兴趣内容，而是会在一定的数据基础之上，鼓励用户去看更多类型的视频内容，发掘自身多元化的兴趣。因此B站的up主除了优化视频质量之外，还可以增加内容的多样性，为用户提供更丰富的内容。

● 六种类型，让短视频具有"刷屏"潜质

做短视频内容，本质是做市场，只有用户喜欢、贴近用户心理的视频内容才有机会成为"爆款"。但不同的短视频平台有不同的用户定位，其用户的喜好也是不一样的。短视频创作者在制作内容之前，要先确定自己做的短视频的目标客户属于哪个平台，再根据这个平台的用户喜好策划和制作相应的短视频内容。

以抖音和快手为例，抖音的用户群体以年轻用户为主，主要是来自一、二线城市的"90后"甚至"00后"。这一群体对于新鲜事物的接受度高，乐于分享生活，其短视频内容具有时尚、新颖等标签；而快手用户则主要来自规模较小的城市、乡镇和农村地区。他们对手机的可支配时间长，忠诚度较高，短视频内容具有幽默、搞笑等标签。根据不同短视频平台的调性和特点，本书总结了各平台较受欢迎的六种短视频类型，可供创作者策划、选题和制作时参考。

一、幽默搞笑受欢迎

无论是抖音、快手、微博，还是微视，几乎在所有的短视频平台中，幽默搞笑类短视频都是最受欢迎的品类。短视频消耗的通常是用户的碎片时间，而大部分人在看短视频的时候都希望能获得轻松、愉快的感受，而搞笑幽默的短视频内容给用户带来的正是快乐，最容易引发用户共鸣。

每个平台上都有以幽默搞笑为定位的短视频博主，并且他们也都收获了一大批粉丝，赢得了大众的喜爱。

二、才艺最引人关注

唱歌跳舞等才艺类的短视频内容最容易吸引用户的关注。美好的事物给用户带来的是良好的视觉体验，而高水平的才艺也体现了人们对于健康美好事物的喜爱和向往。

三、 剧情短剧表现力强

随着越来越多原本从事传统传媒行业的专业人员加入短视频行业，短视频的内容也逐渐从以 UGC 为主向以 PUGC 和 PGC 为主发展。剧情短剧则成了很多专业短视频创作者"吸粉"的"利器"。剧情短视频一般由专业团队制作，画面精良，内容也极具表现力，逐渐成为各大短视频平台的主流。许多短视频创作者专注于制作剧情类的短视频短剧，其拍摄画面高清，制作精良，获得了无数用户的关注和喜爱。

四、 专业技能超干货

除了消耗碎片化时间，带来"收视愉悦"之外，很多用户也希望在短视频当中学习一些可以促进自我提升的知识。目前在各平台上可以看到的知识类短视频内容日趋丰富，如"黑科技"、生活技巧、办公软件使用技巧等。这些内容满足大量用户的认知需求，他们希望能通过观看短视频，为自己带来正面影响或获得专业知识层面的提升。因此一部分在某些领域有一定专业技能的，制作知识干货类短视频的创作者也有了很大的发挥空间。他们制作出了许多"爆款"视频，成为专业知识领域的热门账户。

五、 热点话题引热议

热点话题本身自带流量，很容易引起用户的关注。很多短视频紧跟热点，就成了"爆款"。大部分平台都会提供当下最热门的话题榜，例如微博热搜、抖音热点。它们既为用户了解当下发生的热门事件提供了渠道，也为短视频创作者提供了参考，让他们可以紧跟热门话题进行短视频创作。传播热点内容本身就是短视频的传播价值所在，用户总是会关心社会上发生的一些大大小小的事件，而这一类以热点话题为内容的短视频正好满足了用户的这一心理需求。

六、 日常生活最贴近

短视频在诞生之初，主要内容是用户记录生活的一些视频片段。就算现在已有很多专业化的短视频内容，但很多用户依旧喜欢看与大众的日常生活贴近的短视频内容。许多短视频创作者创作的主要内容就是记录生活当中有趣的故事。但记录生活不是记录日常琐事，而是记录生活中关于美好和幸福的内容，这些内容能够唤起和满足用户对于美好生活的想象和向往，也有机会成为"爆款"。

● 四个特征， 实现快速传播

什么样的短视频能够得到用户的喜爱，从而实现快速传播呢？在经过大量分析之后，我们总结出传播力强的"爆款"短视频大多具有以下四个特征。

一、 内容能引起用户共鸣

共鸣指的是因为思想或情感上的相互感染而产生的某种情绪，所以引起共鸣最主要就是让用户对短视频所传达的内容"感同身受"，例如批判、讽刺、同情、伤感等，让短视频内容与用户产生情绪上的勾连。例如某短视频创作者的短视频内容涉及大众日常生活的方方面面，每个选题都精准切入大众了解、熟悉、讨厌或者迫切想要了解的点，例如，"当八卦同事知道你有女朋友之后""新疆人的消费观""吃饭时的哪种行为你最讨厌？""谈恋爱时容易让人讨厌的行为"等。这些话题在引起用户共鸣的同时，往往也会激发用户点赞、评论或者转发等行为，从而产生更大的传播效应，成为"爆款"，如图4-7所示。

↑ 图4-7　引起用户共鸣类短视频截图

二、 内容紧跟当下热点事件

想让短视频快速传播、成为"爆款"的一个很重要的窍门是"蹭热点"。但这个"蹭"不是"挂羊头卖狗肉"，不能在内容和热点无关时却想借助热点的流量；也不是"随波逐流"，不能别人发什么内容就紧跟着发同样的内容。既然是热点，肯定会有很多相关的短视频内容。但作为短视频创作者，我们要做到的是"人有我优"，利用热点创作原创的短视频内容。那么具体该如何做呢？我们主要总结了以下几个方面。

首先，紧跟的热点要与自身领域相关，而不是什么热点都去"蹭"，导致自己的账号垂直度不高；其次，要了解热点事件的始末，例如事件发酵的原因，主要人物是谁，是属于正面事件还是反面事件，等等，要先对热点有了足够的把握之后再去"蹭"，并且最好是选择积极的正面事件；最后，要抓住热点关键词，也就是这个热点事件当中最受用户关注的几个方面，然后根据这些关键词来创作短视频内容。

三、 传播性强， 传播渠道广

有很多短视频的内容制作精良，点赞量、播放量和评论量却寥寥，甚至无人问津。"重制作轻传播"的现象在短视频领域并不少见，因为很多内容创作者依旧沿袭做传统视频的思路，认为只要内容够好，短视频就一定能得到广泛传播。但"酒香也怕巷子深"，创作者需要拓宽短视频的传播渠道，增强其传播力。在短视频制作完成之后，除了在相应的平台发布之外，创作者也可以在其他一些短视频平台、视频网站、自媒体平台等同时进行发布，形成传播矩阵。例如创作者主要做抖音这个平台，在抖音上发布短视频内容之后，还可以在快手、B站、微博、爱奇艺、腾讯视频等平台同步发布，形成更大范围的传播。只要没有侵权问题，短视频就可以在不同的平台上进行分享和传播。如果短视频内容足够优质，就有机会在一个或者几个平台受到用户的关注，从而形成裂变式的传播，成为"爆款"。

四、 时长较短， 适应用户碎片化时间

时长较短的短视频可适应用户的碎片化时间，更贴合用户的消费习惯。但不是说视频时长越短越容易得到快速传播，而是创作者要将自己所想表达的内容尽可能压缩在更短的视频中，让观众能够快速得到信息并产生情感共鸣，从而实现快速传播。

其实如果仔细分析那些成为真正"爆款"、实现快速传播的短视频，其时长通常都在半分钟之内，一般不会超过一分钟。以抖音为例，凭借一条甩头换装短视频一夜爆红的某短视频创作者，她的短视频时长只有十几秒，点赞量却超过600万，一夜涨粉500万，无数人模仿其拍摄"变装"短视频，可以说名副其实实现了快速传播；时长短、完播率高也是该短视频实现快速传播的重要推动力。

知识点

4个特征，让短视频得到快速传播

1. 内容能引起用户共鸣。

2. 内容紧跟当下热点事件。

3. 传播性强，传播渠道广。

4. 时长较短，适应用户碎片化时间。

4.2　三种方法，教你挖掘"爆款"选题

随着短视频内容的日益丰富和制作水准的不断提升，用户对于短视频的要求也越来越高，而选题作为支撑短视频主要内容的底层逻辑，更是至关重要。一条"爆款"短视频的制作与产生，离不开"爆款"选题的挖掘。挖掘"爆款"选题，更是很多创作者的痛点和难点所在，本节主要总结了三种挖掘"爆款"选题的方法。

● 原有热门话题基础上的二次创新

很多人说玩短视频是有"套路"的，你按照这些"套路"走，去拍摄相关的内容就可以出"爆款"。下图是部分网友通过大数据总结出来的抖音"套路"盘点，主要总结了十几种不同的"套路"类型，这些类型下的选题是大部分用户比较感兴趣的，如图4-8所示。但这些"套路"是热门话题，我们需要对其进行思考和总结。既然是套路，肯定很多短视频创作者已经使用过了，并且得到了较好的数据反馈。但只跟着这些套路走是没办法形成自己的体系的，玩"套路"就能做出"爆款"，这是一个伪命题。短视频创作者需要的是在原有热门话题基础上进行二次创新，策划出既和这些平台套路相契合，又能够体现创作者独特表达的内容。

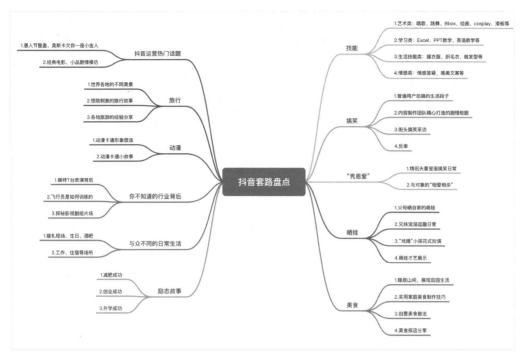

↑ 图4-8　抖音的12种"套路"盘点

一、 为故事选择一个新场景

场景和故事是相辅相成的，一个优秀的场景选择能够极大地增强短视频的传播效果。对于已经是热门的短视频或者话题，我们应该如何二次创新、做出新花样？可以为故事选择一个新场景。在不同的场景当中，受众体会到的情感和做出的反应都是不一样的。

例如美食制作，大部分用户对于制作场景的第一反应都是家里或者专业的厨房当中。但美食制作已经是一个热门话题，并且有了很多成功的账号。如果没有任何创意点，是很难在大量同类型账号中脱颖而出的。短视频创作者可以在此基础上进行二次创新，为自己的短视频内容呈现寻找一个特殊场景。例如有的创作者将做美食的场景放在了办公室，如图4-9所示；有的创作者将做美食的场景放在了户外乡间，如图4-10所示。他们利用非常规的场景拍摄来突出美食制作的内容。这些美食账号都是基于场景做出一定的差异化转变，同时也获得了较大的成功。

短视频拍摄场景不仅仅在于物理空间呈现，它可以给予内容更多的意义，可以带来差异化，还可以增强情感的表达力度。表现离别，可以在家里、在车站、在饭桌上，也可以在医院、在电影院、在公园。反差更能吸引用户。场景是一个有魔力的空间，转换场景，表现的内容可能完全不一样。创作者借场景的变换对热门短视频话题进行二次创新，或许能带来意想不到的效果。

↑ 图4-9　视频截图　　　　　　　　　↑ 图4-10　视频截图

二、　为短视频换背景音乐

背景音乐对于短视频的作用可以说是不言而喻的，尤其是对于一些没有台词，纯靠画面叙事的短视频而言，背景音乐更是灵魂。合适的背景音乐可以推动短视频剧情的发展。同样的短视频内容换上不同的背景音乐，其传达的情绪、内容和感染力也可能有天壤之别。对热门话题进行二次创新的第二个办法，就是为短视频更换背景音乐。

例如，北方的冬天由于道路积雪，路面湿滑，路人在行走时滑倒的现象可谓屡见不鲜。关于路人走路滑倒，之前有这样一条短视频引起了很多用户的关注。一名路人在道路上行走，突然滑倒了，这时有两名路过的人走过来想搀扶他，结果两人也一起摔倒了。大家都觉得这件事非常有趣，很多创作者也都将其编成短视频发到了网上。大部分创作者使用的都是搞笑或者有反转一类的背景音乐，突出强调这件事情的尴尬、意外和有趣。有一个创作者，也发了一样的短视频内容，但他却使用了一条完全不同于他人风格的背景音乐，背景音乐歌词是"一定是特别的缘分，才让我们一路走来变成了一家人……"。歌词和短视频内容非常好地结合在了一起，两人同时搀扶路人又同时摔倒都是缘分，好笑又不失温情，如图4-11所示。这里的背景音乐就不再是简单的背景音乐，而是起到了一定的叙事作用。相比于其他同样内容的短视频，这条更换了不同风格背景音乐的短视频获得了更多网友的关注，同时也实现了更好的传播效果。

短视频创作者在对热门话题进行二次创新时，也可以尝试使用不同风格的背景音乐，这样既实现了创意表达，也有可能使其成为下一条"爆款"短视频。

↑ 图4-11　视频案例

三、叠加"套路"新玩法

所谓的"套路",实际上是对热门短视频内容的总结。当典型的内容或剧情成了"套路",短视频创作者还有可以"玩"的空间吗?既然是"套路",说明这种内容设置在一定程度上是符合受众的审美心理的,用户喜欢看这样的内容。但如果一直都是按"套路"走,或者该"套路"已经是平台上同质化非常严重的内容时,则会适得其反,让用户产生厌烦或者逆反心理。例如一条"变装"短视频火了,无数人都争相模仿类似的卡点音乐变装,而看多了类似、重复的"套路",必然会导致用户审美疲劳。

但"套路"必然也有其存在的意义和价值,关键在于我们该如何使用。"套路"短视频虽然火,但火的大多是最开始发布的那些短视频,大量的跟风短视频的数据表现是比较差的。短视频创作者需要对"套路"的内容进行二次创新,叠加"套路"的新玩法。例如拍摄"变装"短视频时,大家都在卡点换衣服、变漂亮,我们则可以通过二次创新,叠加新玩法,比如说在哪里换装,换上什么样的服装。别人是卡点更换多套服装,创作者可以创新思路,在固有"套路"上叠加场景,创新内容,这样可能会得到意想不到的传播效果。

● 观察生活,透过现象看本质

对于很多短视频创作者来说,制作一条短视频最难的一步莫过于找到一个好选题。很多创作者在找选题这一步都会求新、求异,认为"无创意不选题"。但其实仔细分析之后不难发现,很多热门选题、素材的本质都来源于生活。与受众的日常生活越贴近,就越容易引起受众的共鸣,从而取得比较好的传播效果。但艺术取之于生活却高于生活,因此要想挖掘出"爆款"选题,还需要透过现象看本质。

一、普通场景找到热门话题

很多我们在生活当中习以为常的场景,其实也有机会成为热门话题。例如有很多在短视频兴起之后走红的城市和地标,如重庆的洪崖洞、成都的小酒馆、西安的不夜城、青海的天空之镜等。其实这些城市和地标在此之前也都是一直存在的,对于受众来说是熟悉的、普通的,但在短视频兴起之后却成了"爆款"地标。所以,很多场景也是有机会成为热门话题的。

那么该如何挖掘普通场景下潜在的"爆款"选题,我们需要透过现象看本质。为什么这些场景、这些地标可以火?其实这些短视频都在学同一个"套路",那就是让这些场景地标满足用户的心理需求。大家都说要去重庆坐轻轨、去成都参观小酒馆、去西安喝摔碗酒、去厦门吃冰激凌、去青海看天空之镜、去郑州喝"答案"奶茶、去芬兰看北极光……如图4-12及图4-13所示,其实是有其更深层次的原因的。随着现代人生活水平日益提高,很多人是有条件"说走就走"的,而他们会选择一个更契合自己的地方。短视频塑造了成都小酒馆的闲适与安宁、西安摔碗酒的不羁和洒脱,还有青岛天空之镜的美丽与梦幻，而这些场景正好能够满足很多用户的心理需求，引起他们内心共鸣，继而使这些短视频得到很好的传播。

但并不是说只要我们生活中的日常场景就都能够作为"爆款"短视频的选用场景。为什么重庆能成为所谓的"网红城市"？一是那里的地貌很特别，轻轨穿房而过、洪崖洞依山而建，而这些环境特征在其他城市都是很少见的；并且在那里，人们的生活状态和生活态度大多轻松、闲适，对于当下社会中快节奏生活的用户群

↑ 图4-12 青海茶卡盐湖　　↑ 图4-13 大唐不夜城

体而言，这些都是很吸引人的。找到这些与城市气质相符合的地标、场景将其作为短视频使用的背景，透过现象看本质，相关短视频就容易成为"爆款"。

二、用独特角度思考热门话题

已经成为热门的短视频话题还有继续挖掘成为"爆款"的可能么？跟随热门话题拍摄时，我们也需要加入自己的思考，而不是一味地追随所谓的"套路"，西安的摔碗酒火了，就跟着去拍摔碗酒；重庆的轻轨火了，也跟着去拍重庆。如果一直跟随、模仿，可能创作者在短时间内会获得一些比较好的数据，但从长远看是很难有获得持续打造"爆款"的能力的。如果平台上已经有很多关于西安摔碗酒的短视频，那用户还想再看摔碗酒吗？不是的，用户想看的是在自己不了解的城市还有什么新鲜有趣的事情发生。所以这些热门地标火的本质是用户对别的城市、对新鲜的事物感兴趣，而不是对某一热门地标本身感兴趣。所以就算创作者换一个城市拍摔碗酒，在大部分用户看来也是无趣的。短视频创作者需要找到城市其他有趣的点，或者能引起用户共鸣、满足用户心理需求的点。例如西安在摔碗酒之后又大火了一把的"不倒翁小姐姐"。西安是一个热门城市，而人形不倒翁是一件有趣的事物，两者结合成就了"爆款"，如图4-14所示。

↑ 图4-14 西安"不倒翁小姐姐"

除了城市热门地标之外，仔细分析当下很多热门的短视频，我们会发现大部分选题也都是来源于生活的。艺术来源于生活但高于生活，要想成就"爆款"短视频，创作者不但需要对生活进行细致入微的观察，还需要能够透过现象看本质的能力。

如图4-15左图中这条短视频，奶奶看到孙子穿着破洞裤，以为孙子的裤子破了，拿来针线将它补上了。很多人应该都有过类似的经历，这就是非常好的来源于生活的短视频选题。但这个选题背后更深层次的内涵是什么，作为短视频创作者，需要挖掘现象背后的本质。可以是老年人和年轻人之间的生活差距，也可以是老年人身上让人感到有趣的地方。从这个角度出发，我们还可以想到更多的选题。例如抖音上爆红的某老年创作者，有粉丝2000多万，成为很多人心中的"国民姥姥"。她的短视频大多表现她和外孙一起的逗趣日常，既有表现老年人和年轻人生活差距的一面，也让人感觉到了老年人有趣的一面。如图4-15右图中这条短视频，记录了姥姥的一些日常生活趣事，内容既温馨又可爱，点赞量超过420万。

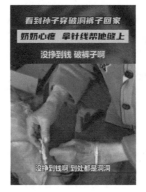

↑ 图4-15 视频案例

● 内容切中用户痛点

一、 什么是痛点

简单理解，痛点就是用户在日常生活中遇到的各种问题和烦心事，这些事情他们自身很难或者无法解决，这令他们既焦虑又痛苦，他们急切地想要找到解决方法来化解自己的问题，以回到正常的生活状态。例如恋爱对于很多人来说是一个痛点。很多年轻人都会受到各种恋爱问题的困扰：被不喜欢的人表白怎么办？该不该和现男友聊前任？等等。短视频创作者就可以根据这个痛点生发出一系列的选题，甚至可以将其作为独立账号的内容定位。例如B站某up主发布的短视频内容主要就是针对各种情感问题提出自己的对策和建议，分享恋爱技巧。例如"男生有这4个行为，要谨慎交往""恋爱中用这3个方法，让他忘不了你"等，该账号截至目前共发布了一百多条短视频，获得的点赞量超过800万，如图4-16所示。

怎样约男神吃饭？这3个办法，让他无法拒绝！

有这4个表现的男生，是想娶你回家！

【冒死揭秘】教你一秒看穿"防不胜防"的渣男手段

【高效撩汉】用男性思维和他谈恋爱

女生为什么总是没有安全感？

【女追男】怎样一步步把兄弟变成男朋友？

3招约会小心机，让感情迅速升温！

【冒死曝光】男生们绝不承认的3个恋爱"潜规则"！

3个问题，测试你们感情是否真的好！

表白说不出口？不动声色2招拿下！

男生忽冷忽热，他究竟在想什么？

暗恋你的男生，必有这4个表现！

↑ 图4-16　B站某up主投稿截图

二、 如何将用户痛点转化为热门选题

短视频创作者们如何找到用户的痛点并将这个痛点转化为自己的选题或者是作为账号的内容定位呢？首先需要从用户的需求出发。只有用户有需求，并且这个需求与社会现实情况不匹配才会产生痛点。而人最普遍的需求主要集中在生活方面，也可以理解为"衣食住行"。下面就简单地从这几个维度分析如何找到用户的痛点并形成短视频选题。

随着经济的发展，绝大多数的人已经不再为最基本的维持生活所发愁。因此，这里衣食住行的概念是从更广泛的角度去理解分析的。首先是"衣"。"衣"不仅指衣服，还包括外在的一切装饰，例如化妆品、包包、首饰等。这些东西是用户可能会有的需求，但这些需求会产生哪些痛点呢？用户想要买衣服、买化妆品、买包，最常见的问题无非是价格、质量和购买渠道，用户总是想用更低的价格买到质量更好的商品，但是又不知道该如何购买，因此也就应运而生了许多美妆博主、搭配博主、好物推荐博主，这些博主拍摄的短视频主要就是给用户"种草"，推荐各种便宜好用的化妆品、衣服以及其他物件，满足用户的需求。

其次是"食"。"民以食为天"，我们每天都离不开"吃"，吃什么、什么好吃，甚至怎么吃都是许多人关心的问题。那么这些问题也就成了很多用户的"痛点"。在很多短视频社交平台，美食题材可以说占领了半壁江山。养生类——告诉用户吃什么，该怎么吃；美食探店类——告诉用户什么好吃、去哪儿吃；教程类——告诉用户怎么做好吃的。如图4-17所示，短视创作新手也可以用这种方式寻找自己的选题和内容定位，例如，"6个让鸡肉不无聊的吃法""超简单的橘子红茶"等。还有分享地区特色美食的、分享美

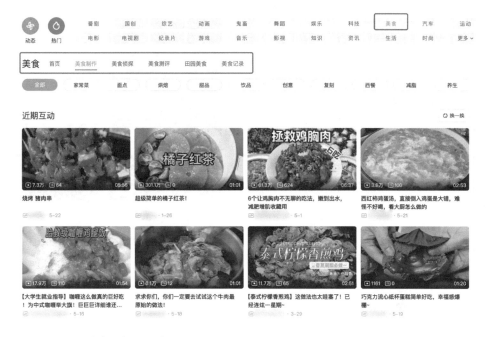

↑ 图4-17　B站美食频道短视频截图

食的正确吃法的、零食推荐的等，满足了
用户对于"食"的全方位需求。并且这一
类短视频的播放量特别多，点赞率也特别
高。以抖音为例，搜索美食，出来的话题
有上百个。如图4-18所示，排名第一的"美
食"话题共有视频429.8万个，总播放次
数高达1937亿次，可见美食对于用户的吸
引力是巨大的。短视频创作者们也可以从
"吃"这个角度出发来进行选题的挖掘，例
如"奶茶的正确打开方式""各地美食排行
榜""经常吃烧烤有什么坏处"等。

↑ 图4-18　抖音美食话题榜截图

　　再次是"住"。这可能是最多人关心的问题，例如租房、买房、买什么样的房等。
关于住房的许多问题也是很多用户的痛点，这自然就可以成为我们选题的来源。比如说
"租房的注意事项""怎么租到便宜又合适的房子""商品房和普通住房的区别"，甚至包
括住房公积金、房屋装修、住房改造等选题。

　　最后是"行"。随着人们生活水平的提高，开车自然成为很多家庭首选的出行方式。
那么如何选择一辆合适的车自然就成了很多用户关心的问题，因此也应运而生众多与车
相关的账号。这些账号短视频的主要内容就是为大家推荐不同价位中性能更好的车型，
教用户如何花最少的钱买到最好的车，基于满足了用户的相关需求，这些账号的粉丝很

多都在百万以上，如图4-19所示。其实，除了买车之外，由用户的"行"还可以生发出许多其他的选题，例如学车、汽车保养、如何买到更便宜的机票、旅行的交通路线规划等，只要用户有需求的地方，就有痛点。

↑ 图4-19 汽车类短视频博主

知识点

三种方法，教你如何挖掘"爆款"选题

1. 原有热门话题基础上的二次创新。

2. 观察生活，透过现象看本质。

3. 内容切中用户痛点。

4.3 三种方法，巧妙运用创作场景为"爆款"助力

短视频的场景既包括短视频内容拍摄的场景，也包括其播出时的场景。通过短视频来构建各种具有热度的场景，能够让短视频实现更大的传播价值。同时，场景还能够为短视频内容所表达的情感赋能，为短视频的传播带来很大的助力。

● **借助"网红场景"的自带热度**

短视频的出现带火了一批"网红城市"和"网红地标"，例如西安、重庆、成都、稻城亚丁，还有像海底捞、茶颜悦色茶等一些"网红店铺"。不同的场景可以为用户带来不同的情感体验，而情感能激发用户心理，推动其行为。如果在消费场景中，用户的情感被激发，则会推动用户的消费行为。例如一些大型商场会举办各种各样的活动或者布置一些"网红场景"，这样的场景设置就会吸引很多人前来拍照、参观或者游玩，继而吸引用户产生消费活动。在过去，很多店铺都会拒绝用户参观或者拍摄，但现在我们会发现很多店铺不再拒绝用户拍摄的请求，而是敞开店门，欢迎人们前来拍摄。这些商场和店铺都在营造好的场景氛围，而好的场景能带来流量与极高的关注度，以及意想不到的传播效果，如图4-20所示。

↑ 图4-20 抖音话题截图

一、 向 "网红场景" 借力

很多已经成为热门的"网红场景"本身就自带一定的流量和热度，短视频创作者在短视频拍摄场景的选择上，可以有意识地选择这一类"网红场景"，借助其自带的热度，从而获得较高的关注度。短视频带火了很多城市以及地标，也吸引了很多用户去拍摄这些"网红场景"，例如重庆的洪崖洞、成都的小酒馆等。这些场景在当时获得了非常高的关注度，很多短视频只要在这些"网红场景"拍摄，就能得到很高的点赞量和播放量。但其实如若换一个场景拍摄短视频，未必能得到这么好的传播效果，这就是借助了"网

红场景"的传播热度。比如说拍一条求婚的短视频，选择在家里或者在大街上拍摄，和选择在洪崖洞或者青海天空之镜拍摄，肯定是后者的传播度更高。

因此，短视频创作者在选择拍摄一条短视频的场景时，也可以有意识地选择当下比较热门或者是用户关注焦点的"网红场景"。很多街拍类短视频就会选择在太古里这些相对知名的地标进行拍摄，如图4-21所示。

↑ 图4-21 街拍类短视频

二、 打造 "网红场景"

"网红场景"千千万，大都只是昙花一现，热门场景的更新速度太快。对于很多短视频创作者而言，一直追逐热点，既费心又费力，拍摄成本也相对较高。如果能够自己打造"网红场景"则相对省时省力省心，因此短视频创作者可以尝试让自己拍摄短视频的场景成为热门和用户关注的焦点。

其实，纵观很多知名的短视频博主，我们不难发现，他们选择拍摄短视频的场景都是相对固定且单一的，例如在家里、办公室里、菜园里或者户外固定的某一地点。例如

某短视频创作者,拍摄短视频的地点基本上就是她家的菜园和房子,而她的菜园也成了"网红场景",被广大网友称为"世外桃源",如图4-22所示。还有刚出名时的某博主团队,他们在某地点拍摄自己唱歌的短视频,而这个地点也成功被其带火,成为当时热门的"网红场景",如图4-23所示。

↑ 图4-22 菜园拍摄短视频截图

↑ 图4-23 "网红场景"短视频截图

热门的场景能带火短视频,热门的短视频同样也能带火场景,二者之间是相互作用的。短视频创作者们不能忽视场景的作用,借助热门场景或者打造热门场景,都是助力短视频成为"爆款"的重要方法。

三、 叠加场景的新玩法

短视频已经逐渐成为人们获取信息的重要方式,其市场之广阔是有目共睹的。随着越来越多的人加入短视频创作的队伍,对于众多短视频创作者来说,实现差异化的难度也与日俱增。无论热门的场景还是普通的场景都已经被拍遍了。当这些典型的场景已经成为所谓的"套路",创作者还有实现差异化的空间吗?答案依然是肯定的。

但我们需要注意,创作不是"打卡",很多新用户会直接用手机拍摄热门的场景地标并发布到短视频社交平台上,但这只是一条短视频,而不是作品。作为短视频

↑ 图4-24 抖音话题截图

创作者,不能仅仅停留在拍摄热门场景这一步。创作者可以借助场景的热度,但不能"唯场景论",最重要的还是内容本身。一个高关注度的场景,如果再与有趣、有意义的事情进行叠加,说不定就能够产生一个新的"爆款"。相同的场景与不同行为的叠加带来的传播力是不一样的,如果只是一味地在用户熟知的场景中去玩已经被大众熟知的"套路",作品就很容易被淹没。我们要通过对场景的叠加、创意的叠加、故事的叠加,让

有意义的故事在热门的场景中发生，并借助场景的热度，提升传播力，打造新的"爆款"短视频。

● 高反差的场景构建

场景能够构造不同情绪的情境，而符合受众心理的情境构建可以激发情感，受众的情感一旦被激发则更容易引起共鸣。而能够广泛引起受众情感共鸣的作品才能够带动用户的行为，如关注、转发、评论、点赞等。而如何构建这样一个场景，归纳成一个词语就是"高反差"。这里所说的"反差"指的是对比或对立，高反差的场景构建可以理解为普通的事件发生在不普通的场景中，或者普通的场景中发生了不普通的事件，也可以是同一人、同一事的前后对比，总之要给受众惊喜，超越他们的审美期待。

一、 普通的事 + 不普通的场景

短视频创作者在策划制作一条短视频内容的时候，一般来说还是要将这个故事放在一个特别的场景中进行拍摄，因为短视频制作还是要回到传播效益当中来，谁都希望自己制作的短视频能够成为"爆款"。

普通和不普通，本身就是对立的两个词。普通的事情出现在不普通的场景，产生的是反差，而反差能够产生趣味，也有可能带来情感的突出与强化。但什么样的场景才算是"不普通"的？不是说多么"高大上"、多么了不起的场景才能称为不普通的场景，只是说普通的事出现在超越受众认知的其他地方，带来了内容或者视觉上的高反差，这样的场景对于该事件的发生来说就是"不普通"的场景。如图4-25左图所示，短视频的主要内容是一名女子在公交车上化妆。化妆是一件普通的事，其实公交车也是一个普通的场景，但是在公交车上化妆是超越很多受众理解范围的。公交车上怎么化妆？因此公交车对于化妆这件事来说就是一个不普通的场景，场景与事件之间产生了高反差，激发了用户的好奇心理。而且公交车、地铁这些都是大家再熟悉不过的场景，短视频将场景设置在大部分人每天都要经历的场景里，把化妆的内容变成了一个场景下的一个典型人物的非典型行为，引起了用户的关注。并且早上起晚了来不及化妆，很多"上班族"应该都经历过，也能够引起其一定的情感共鸣，带动用户产生自发点赞、评论、分享等行为。

其实，利用普通的事发生在不普通的场景来构造高反差的短视频内容有很多。睡觉是一件很普通的事，但一般都是在室内的房间里，可却有民宿将床搬到了山崖

↑ 图4-25　抖音视频截图

边、水池里。例如图4-25右图中的这条短视频得到了超过250万的点赞,这离不开事件与场景之间构成的高反差效果。拍摄内容和拍摄场景的契合和叠加,为短视频成为"爆款"提供了可能。很多人都是"活在景里,火在景里",这里的景指的也是场景。例如西安的"不倒翁小姐姐"如果没有场景的加持,不是在大唐不夜城,相信与她有关的短视频很难成为"爆款"。场景是一个有魔力的空间,它与事件产生的反差可以带来完全不同的内容呈现,对用户的情感刺激也是不同的。

二、 普通场景 + 不普通的事

普通场景与不普通的事构成的短视频内容,重点是使发生的事件本身和场景之间形成对比。在这种场景的反差之下,人和场景产生对抗和互动的过程是很有趣的。近几年一直非常火的慢综艺,就是将艺人放在一个普通的场景之内,例如农家小院、餐厅、花店,让艺人与固定的场景之间产生互动和火花。艺人的行为和彼此的互动可以看作不普通的事,他们与普通场景之间的反差带来的就是看点,普通场景的营造使他们的行为显得真实。

这种方式也可以运用到短视频制作当中来,例如求婚、庆生、考试成绩揭榜等,这些对我们来说是日常生活中比较重大的事情,但要放在普通的场景下才更能调动和激发受众的情感。例如陈可辛导演的短片《三分钟》,其故事的场景发生在一个列车停靠站中,孩子只有三分钟的时间可以和妈妈相处。场景很普通,却非常真实,而真实的场景永远是最感人的。在不同的场景之下,人们体会到的情感和做出的反应是不一样的。

三、 场景和事件的前后反差

什么是场景和事件的前后反差呢?短视频平台上非常常见的变装视频就是一种高反差的视频创作方式。如图4-26所示,视频内容是一位年过花甲的爷爷穿着浴袍,但是爷爷将手中的雨伞一撑开,穿着浴袍的爷爷瞬间换上了一身西装,化身帅气的"霸道总裁"。在大家的固有印象里,我们第一眼看到视频的时候,会本能地觉得只是一个在家里刚洗完澡的普通大爷。但是变装后,他所呈现出来的形象却有了巨大的反差。打破了用户对人物本身的刻板印象,并通过反转激发用户的情绪和共鸣,取得了意想不到的传播效果。

↑ 图4-26 由穿着浴袍的爷爷到"霸道总裁"的前后反差

● **构建与话题挑战赛情境匹配的场景内容**

很多短视频社交平台都会提供话题挑战赛来吸引用户参与，这些活动实际上是给用户提供了玩法和情境，但没有提供创意，给创作者留下了很大的发挥空间。就像命题作文，创作者如若想让自己创作的短视频在话题挑战赛中成为头部"爆款"，则需要拍摄符合话题玩法、构建与话题挑战赛提供的情境相匹配的内容。

抖音每周会更新热门挑战榜，如图4-27左图所示，很多挑战赛自带巨大流量，参与挑战赛即有机会提高人气，增加短视频的曝光度。但是，挑战赛有一定的规则设置，短视频创作者也需要根据其要求和设置的情景，确定和构建与之匹配的拍摄场景，才有机会让短视频成为"爆款"。图4-27右图所示的挑战赛话题为"多么痛的领悟"，情境设置是生活中一不注意就会让自己非常痛的事情，玩法是使用抖音自带"大风吹"道具来进行演绎。既然情境设置是在生活中，那么拍摄短视频要尽量选择与话题匹配的场景才有可能引起用户的共鸣。

> **知识点**
>
> 三种方法，巧妙运用创作场景为"爆款"助力
>
> 1.借助"网红场景"的自带热度。
> 2.高反差的场景构建。
> 3.构建与话题挑战赛情境匹配的场景内容。

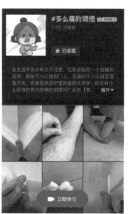

↑ 图4-27 抖音话题挑战赛

4.4 内容有意思，短视频才会有人气

短视频讲好故事，创作者产出对用户有价值的内容，用户才会给予关注和反馈，短视频才有机会成为"爆款"。我们不缺好故事，而是缺讲好故事的能力。那么如何在短时间里讲好一个故事？本节主要总结了以下三个方法。

● **设置故事冲突，强化内容"煽动性"**

短视频要讲好故事，而好故事一定要有冲突。冲突是故事的"灵魂"，是吸引观众的力量。故事的冲突越急剧尖锐，作品思想主旨的揭示也就越富有表现力和感染力。而

在短视频内制造冲突，更是讲好故事，打造"爆款"短视频的关键。下面介绍了三种方法，可以用来增强短视频故事中的冲突。

一、 限制时间

由于时长的限制，短视频的人物和故事要相对比较简单。要想通过有限的人物关系和故事情节来制造冲突，最简单的办法就是限制时间。给故事中人物所做的事情限制一个具体的时间，比如说最后一天、最后一小时、最后一分钟，那么故事就会有更多的可看性，因为人物能否在规定时间内完成某件事情的情节与限定时间之间形成了一个冲突。

限制时间的情节设置手段在影视剧当中会比较常见，在抖音、快手这些App上，我们也能经常看到这样的类似桥段。例如外卖骑手送外卖时只剩最后一分钟就要超时了，或者一个距离客户很远的外卖需要外卖骑手在规定时间内送达，又或是老板要求员工在极短的时间内整理完一份文件，等等。

通过限制时间来设置冲突的方法有很多，并且相对来说比较简单，任何本可以完成的事情一旦被限制了时间，就有了挑战的难度，造成了人物和事件本身的冲突。如图4-28所示，陈可辛导演的短片《三分钟》，列车停靠站台只有三分钟的时间，而列车员的孩子则需要在短短的三分钟之内找到妈妈并且背诵九九乘法表，孩子能否在限定时间内完成这件事情与限定的时间产生了一定的冲突。同时，如此短的时间与深厚的母子情感之间同样也产生了一定的冲突。

↑ 图4-28 《三分钟》短片截图

二、 限制空间

限制空间主要是将主人公和与其对立的人物限制在同一个空间。如果两个对立的人物不在同一个空间，则很难营造出紧张感，二人之间的矛盾冲突也很难借此体现出来；而若将两个人物限制在同一空间，则除了两个对立人物之间的冲突之外，还能突出表现人物与限制空间之间的冲突。

如图4-29所示，京东的短视频广告《JOY与鹭》讲的是主人带着一只名叫JOY的狗去湖里钓鱼，却遇到了一只偷吃鱼饵的鹭，于是忠诚的JOY与鹭展开了一场"鱼饵保卫战"……短视频将空间限制在了湖心的一条小船上，鹭来偷吃鱼饵，JOY想将鹭赶走，却

↑ 图4-29 《JOY与鹭》短视频截图

被主人嫌弃太吵，把鱼都吓跑了。在同一空间内，JOY和鹭之间产生了冲突，JOY和主人之间也开始有了冲突。因为有了冲突的产生，观众便自然会有心理期待：JOY要如何解决与鹭之间的冲突以及与主人之间的冲突？如此一来，冲突推动了故事的发展，同时也为故事主旨的揭示埋下了伏笔。

三、 限制选择

限制选择主要是为人物制造困难，限制人物在完成某件事情时进行的选择。限制人物的选择也能很好地增强故事的冲突，比如说主人公将珠宝店内一件很贵的玉器打坏了，但主人公家境却十分贫寒，这就限制了人物选择赔偿这一方式，损坏昂贵玉器与无力赔偿这二者之间就形成了一个冲突。限制选择强化冲突会激发观众的好奇心理，吸引观众继续往下观看。

很多"爆款"短视频在叙事技巧上也经常使用类似的手法，例如阿里巴巴的品牌系列宣传片"相信小的伟大"——《皮划艇篇》，如图4-30所示。这也是一条一分钟左右的短视频，主要内容是在一场皮划艇比赛的1/4决赛中，澳大利亚皮划艇运动员亨利·皮尔斯在快接近终点的时候，为了保护游到河道中的小鸭子而选择停下来等候。这里就用到了限制选择来制造冲突的叙事技巧，这是一场很重要的比赛，皮尔斯停下来就意味着落后，有可能进不了决赛，但如果继续划，就有可能伤害游到河道中的小鸭子。限制选

↑ 图4-30 "相信小的伟大"——《皮划艇篇》短视频截图

择产生的冲突吸引观众继续往下看整个故事的发展。虽然开始皮尔斯落后了，但最终他却进入了决赛，并在决赛中取得了冠军，打破了世界纪录。

● 有反转才有"爆款"，设置故事人物的反差

反转是短视频中一种常见的创作方法，也是很多短视频创作者在作品中经常使用的技巧。故事有反转，短视频才有可能成为"爆款"。

反转是故事的一种结构方式，指将情节由一种情境转换为另一种完全相反的情境，或者使人物的身份和命运突然朝完全相反的方向转变，常用于剧情类短视频当中。反转可以让剧情高度集中，并且能在短时间内将观众带入情境，给观众带来极大的心理冲击。反转的创作技巧可以满足篇幅短小的作品对于叙事性的要求，使剧情节奏紧凑、戏剧化效果强烈。下面主要介绍3种反转模式。

一、人物反转

在抖音、快手这一类以UGC、PUGC为主要内容的短视频平台上，变装可以说是"经久不衰"的一种玩法，几乎每隔一段时间就会掀起一股变装热潮。并且很多变装短视频也能取得较好的数据表现和传播效果。为什么那么多用户都喜欢看变装短视频呢？

变装实际上就是反转，是指由一个人物形象瞬间转变为另一种与之完全相反或者出乎意料的人物形象。主要的变装玩法有以下3种。

1. 普通换装

换装也是变装的一种玩法，人物在形象气质上不会有太大的变化，而主要是在服装上有较大的变化。换装玩法在一些需要身着制服或者特殊服装的工作和行业当中的应用比较多一些。如图4-31所示，博主上一秒是厂房里负责包装的工人，下一秒就身着优雅的旗袍走在花园一样的场景中。旗袍或古装换装是非常常见的换装方式，并且由于这类着装与大众日常的穿着会形成较大的反差，因此在视觉上能取得更好的效果。

↑ 图4-31　普通换装前后

2. 形象反转

形象反转作为变装的玩法之一，主要指的是人物真实外在形象的前后反差，一般是指普普通通甚至邋里邋遢的人物形象瞬间反转为容颜靓丽的人物形象。这种变装方式通常是在一开始将人物刻意丑化，而后再通过将人物美化达到反转的效果。其变装过程大多只有几秒或者十几秒，能给用户带来极大的视觉冲击。

例如，某博主发布的一条变装短视频，如图4-32所示，获得了30多万用户的点赞。但其实该博主发布的一系列视频内容的评论和点赞数量都不多，唯独这条变装视频成为了"爆款"。这就是因为能这条视频在短时间内产生反转，节奏紧凑，给观众带来了一定的视觉刺激。

↑ 图4-32 形象反转前后

3. 身份/形象反转

与变装短视频不同，这里的反转主要针对剧情类的短视频作品。故事中主人公的身份或者形象反转，获得成功；或改变身份与生活中各类不道德的人和现象斗智斗勇，最终惩恶扬善。这种身份形象反转的套路在美妆垂类账号内容中比较常见，内容多为主人公一开始因为长相普通、穿着比较朴素的原因受到旁人的嘲笑和侮辱，经过改造、变装之后以全新姿态出现，实现了身份、形象的瞬间反转。

还有一类反转的剧情，也是今年大热的短剧《逃出大英博物馆》使用的角色反转方式。女主人公以一个虽然落魄，但非常可爱的人物形象出现。观众本能地会认为这是一个流落异国他乡遇到困难的女生，但是，这个看起来有点"落魄"的女主人公却是刚刚逃出大英博物馆的文物。人物的身份形象反转一下子就抓住了用户的眼球和好奇心理，为什么文物会变成人？剧情往后又该如何发展？

除了女主人公的身份反转之外，短剧《逃出大英博物馆》中，男主人公的叙事线也有一层反转。男主不相信女主是文物，并且一直认为女主是骗子。但是，他表面上虽对女主冷淡并且持有怀疑态度，可到最后观众会发现，男主其实是外冷心热。尽管他最后才相信了女主是逃出大英博物馆的中国文物，但她在怀疑女主的同时，也在努力为她找寻回家的路。

虽然这种反转方式在传统短剧作品中并不多见，但正因为有独创性，所以也能够得到不错的数据表现。短剧《逃出大英博物馆》内容制作精良，多次反转的剧情也引人入胜，成为了2023年的"爆款"剧集，在短视频平台获得了上亿次的播放量（见图4-33），并且引发了众多网友的热烈讨论。

↑ 图4-33 身份反转

二、 剧情反转

在剧情类短视频中,反转是搞笑短视频中经常用到的一种方式。在视频内容日益同质化、模式化的当下,很多短视频可以通过反转的方式增强戏剧效果,给观众以独特的审美体验。尤其是搞笑小品类的短视频账号,其反转的创作技巧更是起到了很大的作用。很多短视频也正是使用了反转这一技巧,再加上不落俗套的剧情,成了"爆款"。

某知名短视频博主发布的很多短视频都有剧情上的反转。例如愚人节当天,其账号发布了一条短视频,主要内容是主人公的公司破产了,当他把破产的消息告诉员工之后,一名员工指着主人公的鼻子破口大骂,最后收拾东西准备离开公司。当员工收拾好东西准备离开的时候,反转出现,主人公和公司的其他员工一起祝他愚人节快乐,场面一度十分尴尬。该短视频在B站获得了超过500万的播放量,可以说是名副其实的"爆款",如图4-34所示。

↑ 图4-34 剧情反转

● 设置悬念, 让故事更加跌宕起伏

设置悬念可以增强故事的吸引力,持续吸引受众的观看欲望。对于短视频来说,完播率是短视频传播效果的一个重要判断指标,而悬念的设置往往可以引起用户的好奇心,而为了满足好奇心,解开悬念,大多数用户会选择看完整条短视频。这样一来,短视频的完播率会得到很大的提升,同时也容易得到较多的曝光量,从而有更大的机会成为"爆款"。并且,有的短视频还会选择在最后留下悬念,借此来吸引用户对账号发布内容的持续关注。

那么如何为自己的故事设置悬念,让故事的情节更加跌宕起伏呢?主要有以下三种方法。

一、 通过提问设置悬念

在标题、文案或者故事内容开头设置悬念，引发观众的好奇心和思考，从而吸引观众继续观看短视频寻找答案，这是比较直接和简单的一种设置悬念的方法，很多短视频博主在发布短视频文案的时候都会有意识地在文案、标题或者短视频开头提出一个问题。图4-35所示为某博主发布的短视频，短视频的文案内容是"亲戚来访，为什么让姐姐们如此紧张？"，由此设置了一个悬念。继续看短视频，我们明白，原来是主人公的亲戚看到女孩就要拉她回去给自己当儿媳。面对这样的亲戚，姐姐

↑ 图4-35　通过提问设置悬念

们该怎么办？解开了第一个悬念之后，短视频又为观众设置了新的悬念，让观众带着疑问继续往下看。悬念的设置让故事情节的呈现跌宕起伏，引人入胜，最后姐姐们搞怪扮丑应对亲戚的方式虽在意料之外，却又在情理之中。该短视频也获得了超过300万的点赞。

二、 通过倒叙设置悬念

倒叙，指的是根据情节发展的需要，将故事的结局或者突出的片段移到最前面，然后再根据事件的先后发展顺序进行叙述，也是一种比较常见的手法，在很多短视频当中也有所运用。很多故事如果采用平铺直叙的手法，按顺序叙述故事反而落入俗套，而如果一开始就通过倒叙将故事的结局告诉观众，反而能设置悬念让观众好奇这件事情是怎么做到的，为什么会产生那样的结果，等等。通过倒叙设置悬念可以吸引观众一步步揭开事件的真相，提升完播率，增强短视频的传播效果。

三、 逐步展示冲突， 最后设置悬念

很多在内容上有连续性的剧情短视频都会采用最后设置悬念的方式，吸引用户到账号主页继续观看下集内容。大部分的短视频社交平台都以主页推荐流的方式为用户推送短视频内容。这就导致一些发布连续短视频的账号，可能一共有30集内容，但用户从主页推荐流中看到的只是数据比较好的某集或者几集，只有点进博主的账号主页才看到全部的内容。因为一般观看单集短视频内容的用户是很难理解全部的人物关系或者能够直接被剧情吸引的，所以大部分用户都不会点进主页看完所有内容，而是看完单集就直接刷走了。但若创作者在单集短视频的结尾都设置一个悬念，就能够增强短视频的吸引力，让很多用户为了看剧情的走向、解决留下的悬念，进入主页接着查看下集短视频内容，进而看完全部短视频。

例如某抖音账号发布的第一条短视频单点赞量就突破了200万。短视频的主要内容是主人公的朋友给他介绍了一个女朋友，但他打开门却发现门外只有一个塑料袋，袋子里装着一条很小的鱼，袋子上还贴着一张便利贴，便利贴上写着"记得养在大点的地方"。

这里产生了故事的第一个悬念，说好的介绍女朋友为什么是一条鱼，还需要把鱼养在大点的地方？故事继续往下发展，主人公将鱼放了浴缸里，当他接完水朝浴缸走去的时候，被帘子遮住一半的浴缸露出了一小截人鱼的尾巴，如图4-36所示。视频很短，到这里结束了，也给观众留下了一个悬念，为什么小鱼会变成人鱼？她长什么样子？短视频故事情节一步步展开，最后设置悬念，给观众留下无限想象的空间，并且也借此吸引了用户的持续关注。

↑ 图4-36 视频最后设置悬念

知识点

让故事既有意思又有人气的三种方法

1. 设置故事冲突，强化内容"煽动性"。

2. 有反转才有"爆款"，设置故事人物的反差。

3. 设置悬念，让故事更加跌宕起伏。

可以预见，影像技术的持续发展会让短视频创作具备更多可能性。当我们还在探讨短视频创作实践技巧之时，虚拟现实、穿戴设备、自主学习、人工智能等技术已经出现并进入了人们的生活。实际上，每一次采编和终端的发展都会不同程度地改变影像生产技术。在十几年前，智能手机刚刚出现之时，电影人和电视人对竖屏拍摄也曾怀有显著的抵触情绪，表现出深深的焦虑。如今，我们也不得不坦然接受并学习从4:3到16:9，再到9:16的画框变化以及其对构图、景别、叙事的规则重构。"内容为王"也好，"媒介即讯息"也罢，影像生产者的初心不应改变，我们仍然应该用影像来传达正确的信息和准确的情绪，让影像在社会生活中体现应有的意义，也就是致力于改善人们的日常生活，推动社会发展，启迪下一代的灵感与智慧。